信号与系统实验教程

(MATLAB 版)

胡永生　陈　巩　编著

本书得到滨州学院教材出版基金项目的支持

科学出版社

北　京

内 容 简 介

本书是“信号与系统”课程的实验教材，实验内容紧密结合“信号与系统”课程的理论教学，全面系统地介绍了利用 MATLAB 对信号与系统相关理论知识进行计算机仿真的具体方法，并给出了详细的示例分析。全书共分为五章，内容分别是连续时间信号与系统的时域分析、离散时间信号与系统的时域分析、连续时间信号与系统的频域分析、连续时间信号与系统的 s 域分析以及离散时间信号与系统的 z 域分析，共安排设计 15 个实验项目。

本书可作为应用型本科院校通信工程、电子信息工程、光电信息科学与工程、电气工程及自动化等专业学生的实验教材，也可作为其他相关专业科技工作人员的参考书。

图书在版编目(CIP)数据

信号与系统实验教程：MATLAB 版/胡永生，陈巩编著. —北京：科学出版社，2016.11

ISBN 978-7-03-049570-9

Ⅰ. ①信… Ⅱ. ①胡… ②陈… Ⅲ. ①Matlab 软件-应用-信号系统-实验-高等学校-教材 Ⅳ. ①TN911.6-33

中国版本图书馆 CIP 数据核字(2016)第 190977 号

责任编辑：潘斯斯/责任校对：张怡君

责任印制：张 伟/封面设计：迷底书装

科学出版社 出版

北京东黄城根北街 16 号

邮政编码：100717

http://www.sciencep.com

涿州市般润文化传播有限公司 印刷

科学出版社发行 各地新华书店经销

*

2016 年 11 月第 一 版 开本：720×1000 B5

2022 年 1 月第六次印刷 印张：8

字数：148 000

定价：39.00 元

(如有印装质量问题，我社负责调换)

前 言

“信号与系统”课程是电子信息类专业，尤其是通信工程专业的一门非常重要的专业基础课程与必修课程，也是通信与信息系统、信号与信息处理等学科专业的硕士研究生入学考试的必考专业科目。同时，该课程还是引导学生从电路分析的知识，进入到通信信息的处理与传输领域的关键性课程，也是后续的通信原理、数字信号处理等专业课程的先修课程，在专业的教学过程中起着承上启下的关键作用，为从事相关领域的工程技术和科学研究工作奠定坚实的理论基础。

针对“信号与系统”课程的理论概念抽象，数学公式繁多，教学中缺乏直观的分析以及实际动手设计能力欠缺，学生学习理解起来比较困难等特点，充分考虑利用 MATLAB 软件对该课程相对应理论知识进行计算机仿真实验实现，克服了传统硬件实验箱实验的不足，实现了有机互补，进而实现“信号与系统”课程的实验教学改革。

本书是“信号与系统”课程的实验教材，实验内容紧密配合“信号与系统”课程的理论教学，全面系统地介绍了利用 MATLAB 对信号与系统相关理论知识进行计算机仿真的具体方法，并给出了详细的示例分析。全书共分为五章，内容分别是：连续时间信号与系统的时域分析、离散时间信号与系统的时域分析、连续时间信号与系统的频域分析、连续时间信号与系统的 s 域分析以及离散时间信号与系统的 z 域分析，共设计安排 15 个实验项目。其中，第一章介绍连续时间信号与系统的时域分析，分别包括连续时间信号的典型示例、连续时间信号的基本运算、连续时间系统的时域分析以及连续时间信号的卷积积分共 4 个实验项目；第二章介绍离散时间信号与系统的时域分析，分别包括离散时间信号的典型示例、离散时间信号的基本运算以及离散时间系统的时域分析共 3 个实验项目；第三章介绍连续时间信号与系统的频域分析，分别包括周期信号的傅里叶级数、非周期信号的频谱（傅里叶变换）、连续时间信号的频域分析以及连续时间信号的取样与恢复共 4 个实验项目；第四章介绍连续时间信号与系统的 s 域分析，分别包括拉普拉斯变换以及连续时间系统的 s 域分析共 2 个实验项目；第五章介绍离散时间信号与系统的 z 域分析，分别包括 z 变换以及离散时间系统的 z 域分析共 2 个实验项目。

在本书的编写过程中参阅了大量的著作与文献，并得到了许多同行的指导，在此表示衷心感谢。同时，还得到了科学出版社、滨州学院等有关部门及领导的大力支持。滨州学院教务处提供了研究经费。在此我们一并表示感谢。

由于作者水平有限，书中难免有错误与不妥之处，恳请读者批评指正。

编　者

2016 年 6 月

目　　录

第一章　连续时间信号与系统的时域分析

1.1　连续时间信号的典型示例实验

一、实验目的

1. 掌握用 MATLAB 绘制连续时间信号波形图的基本原理。
2. 掌握用 MATLAB 绘制典型的连续时间信号(函数)。
3. 通过对连续信号波形的绘制与观察，加深理解信号的基本特性。

二、实验原理

连续时间信号是指在连续时间范围内($-\infty < t < +\infty$)有定义的信号，简称连续信号，用函数 $f(t)$ 表示，函数的图像称为信号的波形。这里“连续”是指函数的定义域变量(时间的取值)是连续的，且对于给定时间范围内的任意时间值，除若干个不连续点以外，信号都有确定的函数值与之对应。至于信号的值域可以是连续的，也可以是离散的。时间和幅值均连续的信号又称为模拟信号。

从某种意义上来说，利用 MATLAB 并不能直接产生连续时间信号，这是因为使用计算机处理的都是数字信号，即时间和幅值都是离散值的信号。当用 MATLAB 处理连续时间信号时，一般采用等时间间隔的样点值来近似地绘制表示出连续信号。当取得连续时间信号的样点值足够多的时候，就可以把非连续信号近似地看成连续信号。样点值的间隔用 MATLAB 进行编程时来自行设定。

下面详细阐述信号与系统课程中常用的典型连续时间信号，给出了信号的一般数学表达式，并用 MATLAB 绘制出具体示例信号的波形。

1. 直流信号

直流信号是指信号的函数值为某一个具体的常数，其函数表达式为

$$f(t) = K$$

式中，K 是实数。

例 1-1-1　绘制直流信号 $f(t)=3$ 的波形。

绘制上述直流信号的 MATLAB 仿真程序为

```
clear all; close all; clc;
t=[-4:0.01:4];
```

```
f=3;                                    %直流信号幅值
plot(t,f,'-k','linewidth',2);           %绘制信号的波形
xlabel('t');
ylabel('f(t)');
title('直流信号波形');
```

程序运行后，仿真绘制的直流信号的波形如图 1-1-1 所示。

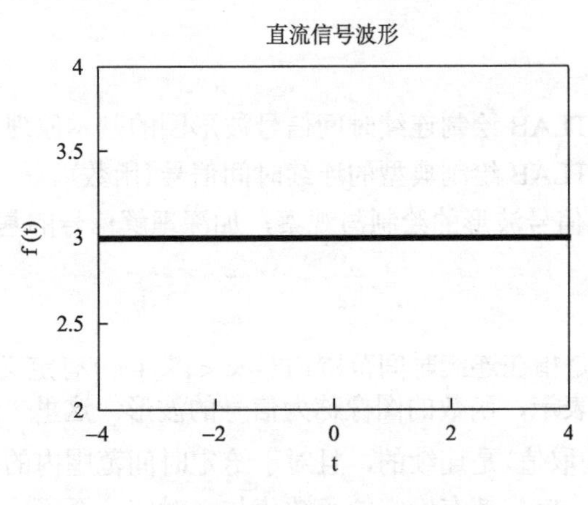

图 1-1-1　直流信号的波形

2. 正弦信号

由于正弦信号和余弦信号仅仅在相位上相差$\frac{\pi}{2}$，因此均统称为正弦信号，其函数表达式为

$$f(t)=K\sin(\omega t+\varphi) \quad 或 \quad f(t)=K\cos(\omega t+\varphi)$$

式中，K为振幅；ω为角频率；φ为初相位。

在 MATLAB 中，正弦信号调用 sin()函数实现信号的仿真，余弦信号调用 cos()函数实现信号的仿真。调用格式为：sin(t)表示正弦信号 sin$t$；cos(t)表示余弦信号 cos$t$。

例 1-1-2　绘制正弦信号 $f(t)=2\sin(\pi t+\pi/6)$ 的波形。

绘制上述正弦信号的 MATLAB 仿真程序为

```
clear all; close all; clc;
K=2; w=pi; phi=pi/6;
t=[0:0.001:10];
f=K*sin(w*t+phi);                       %调用正弦函数
```

```
plot(t,f,'-k','linewidth',2);     %绘制正弦信号波形
xlabel('t');
ylabel('f(t)');
title('正弦信号波形');
```

程序运行后，仿真绘制的正弦信号的波形如图 1-1-2 所示。

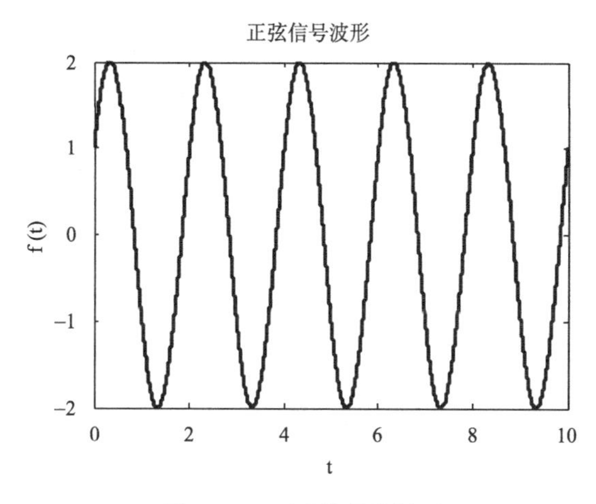

图 1-1-2　正弦信号的波形

3. 指数信号

指数信号的函数表达式为

$$f(t)=K\,\mathrm{e}^{\alpha t}$$

式中，α 为实常数。若 $\alpha<0$，则指数信号随时间的变化而衰减；若 $\alpha>0$，则指数信号随时间的变化而递增；若 $\alpha=0$，则指数信号不随时间而变化，此时就变成了直流信号。在实际的应用中，遇到较多的一般是衰减的指数信号。

在 MATLAB 中，指数信号调用 exp( ) 函数来实现仿真。调用格式为：exp(t) 表示指数信号 e^{t}。

例 1-1-3　绘制信号 $f_1(t)=2\mathrm{e}^{0.3t}\,\varepsilon(t)$ 和 $f_2(t)=2\mathrm{e}^{-0.3t}\,\varepsilon(t)$ 的波形。

绘制上述指数信号的 MATLAB 仿真程序为

```
clear all; close all; clc;
K1=1;K2=1;a1=0.3;a2=-0.3;
t=[0:0.001:10];
f1=K1*exp(a1*t);                    %调用指数函数
f2=K2*exp(a2*t);                    %调用指数函数
```

```
subplot(1,2,1);
plot(t,f1,'-k','linewidth',2);               %指数信号f1
xlabel('t');
ylabel('f_1(t)');
title('指数信号f_1(t) (a=0.3)');
subplot(1,2,2);
plot(t,f2,'-k','linewidth',2);               %指数信号f2
xlabel('t');
ylabel('f_2(t)');
title('指数信号f_2(t) (a=-0.3)');
```

程序运行后，仿真绘制的指数信号的波形如图 1-1-3 所示。

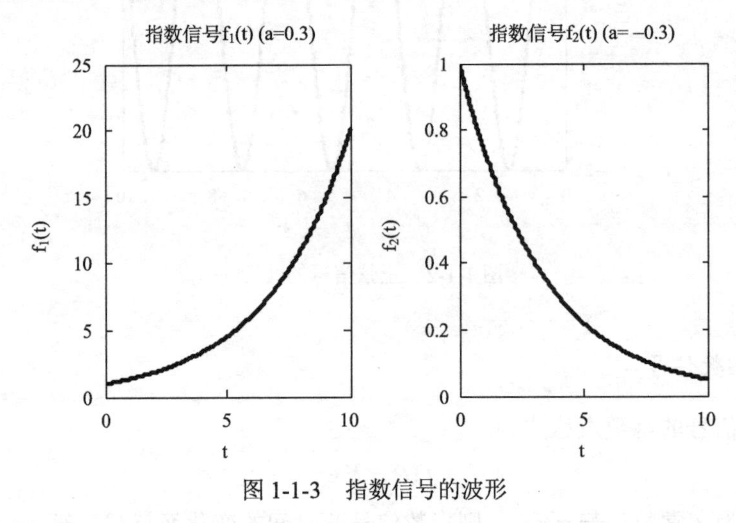

图 1-1-3　指数信号的波形

4. 复指数信号

若指数信号的指数因子为一复数，则称为复指数信号，其函数表达式为

$$f(t)=K\,\mathrm{e}^{st}$$

式中，$s=\sigma+\mathrm{j}\omega$，$\sigma$为复数$s$的实部，$\omega$为复数$s$的虚部。

借助于欧拉公式，复指数信号的函数表达式可展开为

$$f(t)=K\,\mathrm{e}^{st}=K\,\mathrm{e}^{(\sigma+\mathrm{j}\omega)t}=K\,\mathrm{e}^{\sigma t}\cos(\omega t)+\mathrm{j}K\,\mathrm{e}^{\sigma t}\sin(\omega t)$$

从上式可以看出，一个复指数信号可分解为实部和虚部两部分，其中，实部包含有余弦信号，虚部则包含有正弦信号。指数因子σ的实部表征了正弦与余弦信号的振幅随时间变化的情况。若$\sigma>0$，正弦、余弦信号是增幅振荡；若$\sigma<0$，正弦、余弦信号是衰减振荡；若$\sigma=0$，正弦、余弦信号是等幅振荡。指数因子

的虚部ω则表示正弦与余弦信号的角频率。

在 MATLAB 中，实部调用 real( ) 函数，虚部调用 imag( ) 函数，幅值(模)调用 abs( ) 函数，相位调用 angle( ) 函数。调用格式：对于复函数 $f(t)$，实部为 real($f(t)$)，虚部为 imag($f(t)$)，幅值(模)为 abs($f(t)$)，相位为 angle($f(t)$)。

例 1-1-4　绘制信号 $f(t)=2\mathrm{e}^{(-1+2\mathrm{j})t}$ 的实部、虚部、幅值(模)和相位的波形。

绘制上述复指数信号的 MATLAB 仿真程序为

```
clear all; close all; clc;
K=2;w=2;delta=-1;
t=0:0.001:8;
f=K*exp((delta+j*w)*t);                %调用指数函数
subplot(2,2,1)
plot(t,real(f),'-k','linewidth',2);
xlabel('t');
title('实部');      %复指数信号实部波形
subplot(2,2,2)
plot(t,imag(f),'-k','linewidth',2);
xlabel('t');
title('虚部');       %复指数信号虚部波形
subplot(2,2,3)
plot(t,abs(f),'-k','linewidth',2);
xlabel('t');
title('模');          %复指数信号模波形
subplot(2,2,4)
plot(t,angle(f),'-k','linewidth',2);
xlabel('t');
title('相位');        %复指数信号相位波形
```

程序运行后，仿真绘制的复指数信号的实部、虚部、模和相位的波形如图 1-1-4 所示。

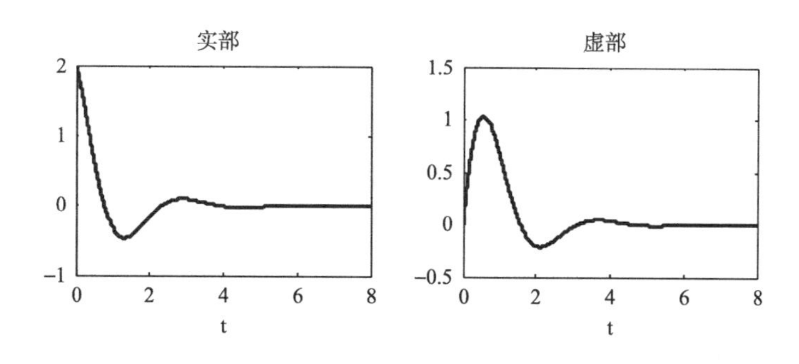

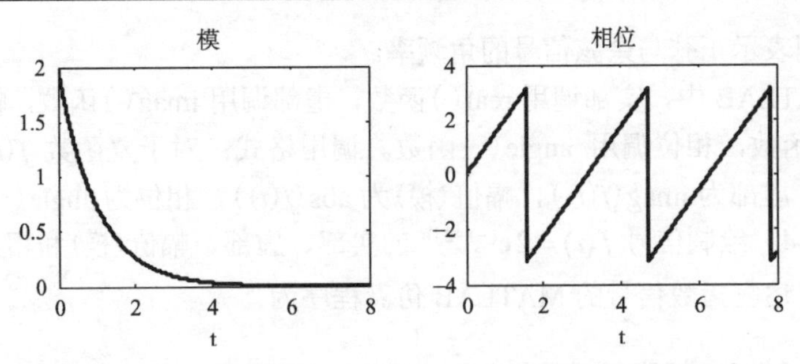

图 1-1-4 复指数信号的实部、虚部、模和相位的波形

5. 抽样信号（Sa(t)信号）

抽样信号（Sa(t)信号）是指$\sin(t)$与t之比所构成的函数，函数表达式为

$$\mathrm{Sa}(t)=\frac{\sin t}{t} \quad 或 \quad \mathrm{Sa}(\omega t)=\frac{\sin(\omega t)}{\omega t}$$

从上述函数表达式可以看出，抽样信号是一个偶函数，振幅分别沿着时间轴t的正、负两个方向逐渐衰减，当$t=\pm\pi,\pm2\pi,\cdots,\pm n\pi$时函数的值等于 0，在$t=0$时取得函数的最大值等于 1。

与Sa(t)函数类似的是$\sin c(t)$函数，它的函数表达式为

$$\sin c(t)=\frac{\sin(\pi t)}{\pi t}$$

与抽样信号类似，该函数也是一个偶函数，振幅分别沿着时间轴t的正、负两个方向逐渐衰减，当$t=\pm1,\pm2,\cdots,\pm n$时函数的值等于 0，在$t=0$时取得函数的最大值等于 1。

在 MATLAB 中，调用 sinc 函数来实现抽样信号的波形绘制仿真。调用格式为：sinc(t)表示抽样信号Sa(πt)。

例 1-1-5 绘制信号$f(t)=\mathrm{Sa}\left(\frac{1}{4}\pi t\right)$的波形。

绘制上述抽样信号的 MATLAB 仿真程序为

```
clear all; close all; clc;
k=1/4*pi;
t=[-10:0.001:10];
f=sinc(k*t);                    %调用函数(抽样信号)
plot(t,f,'-k','linewidth',2);
xlabel('t');
ylabel('f(t)');
title('抽样信号波形');
```

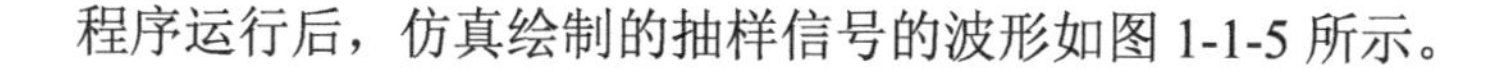

程序运行后，仿真绘制的抽样信号的波形如图 1-1-5 所示。

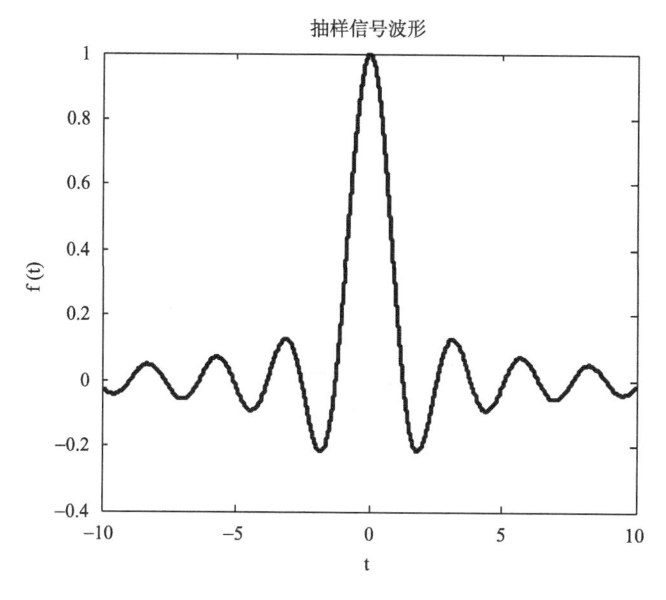

图 1-1-5　抽样信号的波形

6. 单位冲激信号

单位冲激信号记作 $\delta(t)$，又称为“δ 函数”，狄拉克(Dirac)给出 δ 函数的一种定义方式：

$$\begin{cases}\int_{-\infty}^{+\infty}\delta(t)\mathrm{d}t=1\\ \delta(t)=0, \quad t\neq 0\end{cases}$$

如果 $\delta(t)$ 时间轴上延迟 t_0，得到在任一点 $t=t_0$ 处出现的冲激函数 $\delta(t-t_0)$，函数表达式为

$$\begin{cases}\int_{-\infty}^{+\infty}\delta(t-t_0)\mathrm{d}t=1\\ \delta(t-t_0)=0, \quad t\neq t_0\end{cases}$$

例 1-1-6　绘制单位冲激信号 $f(t)=\delta(t)$ 的波形，要求持续时间为 0.01，面积为 1。

绘制单位冲激信号的 MATLAB 仿真程序为

```
clear all; close all; clc;
t0=0;t1=-3;t2=3;dt=0.01;
t=t1:dt:t2;
```

```
n=length(t);
f=zeros(1,n);
f(1,(t0-t1)/dt+1)=1/dt;
stairs(t,f,'-k','linewidth',2); %绘图，注意为何用stairs而不用plot命令
axis([t1,t2,-5,1.1/dt]);
xlabel('t');
ylabel('δ(t)');
title('单位冲激信号波形');
```

程序运行后，仿真绘制的单位冲激信号的波形如图 1-1-6 所示。

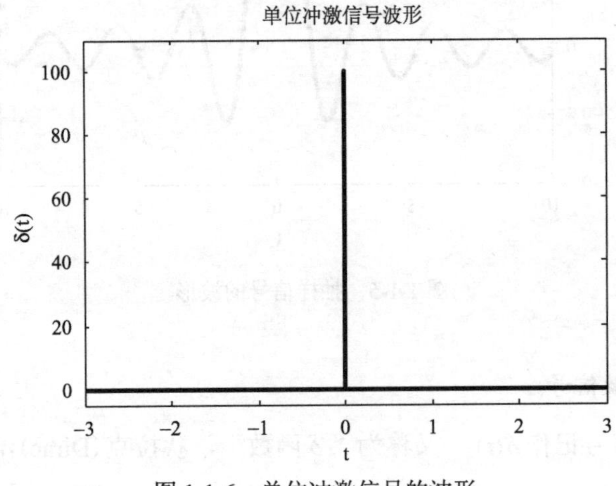

图 1-1-6　单位冲激信号的波形

7. 单位阶跃信号

单位阶跃信号通常以符号 $\varepsilon(t)$ 表示，函数表达式为

$$\varepsilon(t)=\begin{cases}1, & t>0\\ 0, & t<0\end{cases}$$

在跳变点 $t=0$ 处，函数值没有定义，或在 $t=0$ 处规定函数值 $\varepsilon(0)=\dfrac{1}{2}$。

如果 $\varepsilon(t)$ 在时间轴上延迟 t_0，得到 $\varepsilon(t-t_0)$，即

$$\varepsilon(t-t_0)=\begin{cases}1, & t>t_0\\ 0, & t<t_0\end{cases}$$

例 1-1-7　绘制单位阶跃信号 $f(t)=\varepsilon(t)$ 的波形。

绘制单位阶跃信号的 MATLAB 仿真程序为

```
clear all; close all; clc;
t0=0;t1=-1;t2=2;dt=0.001;
t=t1:dt:t0;
n1=length(t);
t3=t0:dt:t2;
n2=length(t3);
f1=zeros(1,n1);                  %初始化为0
f2=ones(1,n2);                   %初始化为1
plot(t,f1,'-k','linewidth',2);
hold on;
plot(t3,f2,'-k','linewidth',2);
plot([t0,t0],[0,1],'-k','linewidth',2);
hold off;
axis([t1,t2,-0.1,1.3]);
xlabel('t');
ylabel('ε(t)');
title('单位阶跃信号波形');
```

程序运行后，仿真绘制的单位阶跃信号的波形如图 1-1-7 所示。

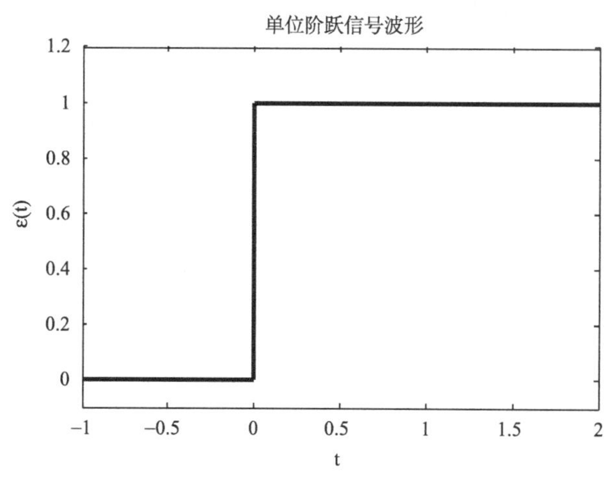

图 1-1-7　单位阶跃信号的波形

8. 单位斜变信号

斜变信号也称为斜坡信号或斜升信号，是指从某一时刻开始随时间成比例增长的信号。若增长的变化率为 1，称作单位斜变信号，函数表达式为

$$f(t)=\begin{cases}0, & t<0\\ t, & t\geqslant 0\end{cases}$$

若将起始点移动到t_0，则表达式应写为

$$f(t-t_0)=\begin{cases}0, & t<t_0\\ t, & t\geqslant t_0\end{cases}$$

例 1-1-8　绘制信号 $f(t)=3t\varepsilon(t)$ 的波形。

绘制上述斜变信号的 MATLAB 仿真程序为

```
clear all; close all; clc;
t0=0;t1=8;dt=0.001;
t=t0:dt:t1;
k=3;                                %斜率，即信号变化的速率
f=k*t;
plot(t,f,'-k','linewidth',2);
xlabel('t');
ylabel('f(t)');
title('斜变信号波形');
```

程序运行后，仿真绘制的斜变信号的波形如图 1-1-8 所示。

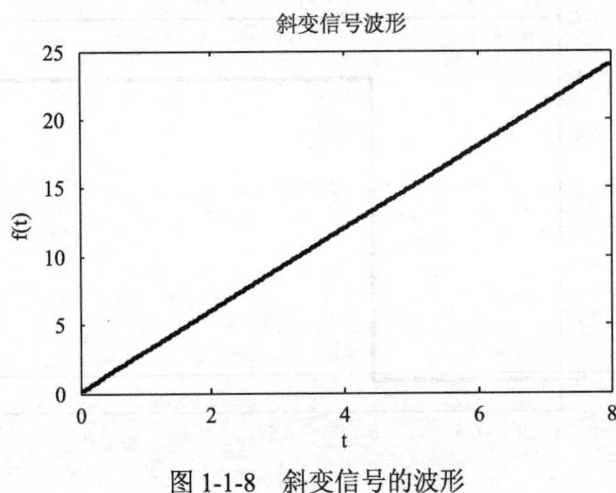

图 1-1-8　斜变信号的波形

9. 符号函数(sgn(t))

符号函数(signum)简写为sgn(t)，该函数的数学定义式如下

$$\operatorname{sgn}(t)=\begin{cases}1, & t>0\\ 0, & t=0\\ -1, & t<0\end{cases}$$

在 MATLAB 中可用 sign() 函数表示，调用格式为：sign(*t*) 表示符号函数 sgn(*t*)。

例 1-1-9　绘制信号 $f(t)=\mathrm{sgn}(t)$ 的波形。

绘制符号函数的 MATLAB 仿真程序为

```
clear all; close all; clc;
t0=-4;t1=4;dt=0.001;
t=t0:dt:t1;
f=sign(t);                    %调用符号函数
plot(t,f,'-k','linewidth',2);
xlabel('t');
ylabel('f(t)');
title('符号函数波形');
axis([-4,4,-1.2,1.2]);
```

程序运行后，仿真绘制的符号函数的波形如图 1-1-9 所示。

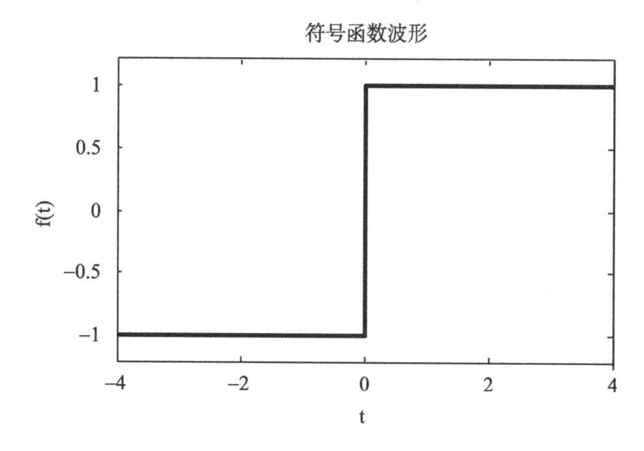

图 1-1-9　符号函数的波形

10. 矩形脉冲信号(矩形波、门函数)

矩形脉冲也称为矩形波或者门函数，用 $g_\tau(t)$ 表示，该函数的脉冲宽度为 τ，幅值为 1，其函数表达式为

$$g_\tau(t)=\varepsilon\left(t+\frac{\tau}{2}\right)-\varepsilon\left(t-\frac{\tau}{2}\right)=\begin{cases}1, & |t|<\dfrac{\tau}{2}\\ 0, & |t|>\dfrac{\tau}{2}\end{cases}$$

在 MATLAB 中，矩形脉冲信号用 rectpuls() 函数来表示。调用格式为：rectpuls(t, width)，其中 width 表示脉冲宽度，有以下两种情况：

(1) rectpuls(t)表示产生以 t=0 为对称轴，脉冲宽度为 1，幅度为 1 的矩形脉冲信号；

(2) rectpuls(t, width)表示以 t=0 为对称轴，脉冲宽度为 width，幅度为 1 的的矩形脉冲信号。

例 1-1-10　绘制以零点为中心左右对称的矩形脉冲信号波形，参数具体要求：幅度为 1，脉冲宽度为别为 1 和 2，即脉冲信号 $g_1(t)$ 和 $g_2(t)$。

绘制上述矩形脉冲信号的 MATLAB 仿真程序为

```
%调用rectpuls()函数实现矩形脉冲信号波形的仿真
clear all;close all;clc;
t=-4:0.001:4;
f1=rectpuls(t);                  %调用矩形脉冲函数
f2=rectpuls(t,2);                %调用矩形脉冲函数
subplot(1,2,1);
plot(t,f1,'-k','linewidth',2);
axis([-2,2,-0.2,1.2]);
xlabel('t');
ylabel('g_1(t)');
title('脉宽为1矩形脉冲信号');
subplot(1,2,2);
plot(t,f2,'-k','linewidth',2);
axis([-2,2,-0.2,1.2]);
xlabel('t');
ylabel('g_2(t)');
title('脉宽为2矩形脉冲信号');
```

程序运行后，仿真绘制的矩形脉冲信号的波形如图 1-1-10 所示。

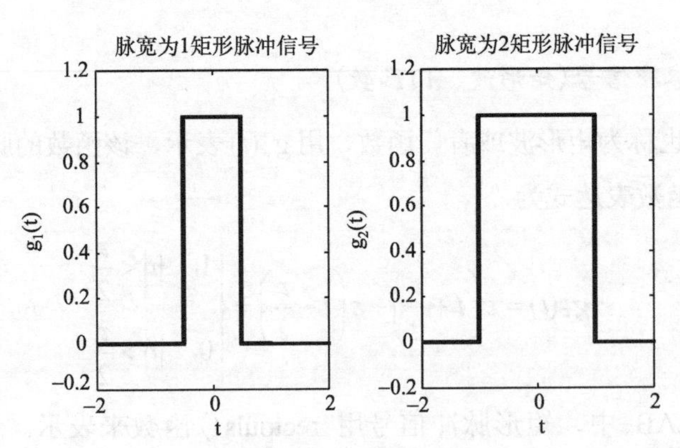

图 1-1-10　矩形脉冲信号的波形

11. 钟形信号(高斯函数)

钟形信号的函数表达式为

$$f(t)=E\mathrm{e}^{-\left(\frac{t}{\tau}\right)^2}$$

例 1-1-11 绘制钟形信号 $f(t)=2\mathrm{e}^{-\left(\frac{t}{\tau}\right)^2}$ 的波形。

绘制上述钟形信号的 MATLAB 仿真程序为

```
clear all;close all;clc;
t0=-4;t1=4;dt=0.001;
t=t0:dt:t1;
E=2;
tau=2;                          %设置信号的参数值
f=E*exp(-(t/tau).^2);          %调用函数
plot(t,f,'-k','linewidth',2);
axis([-4,4,-0.1,2.1]);
xlabel('t');
ylabel('f(t)');
title('钟形信号波形');
```

程序运行后，仿真绘制的钟形信号的波形如图 1-1-11 所示。

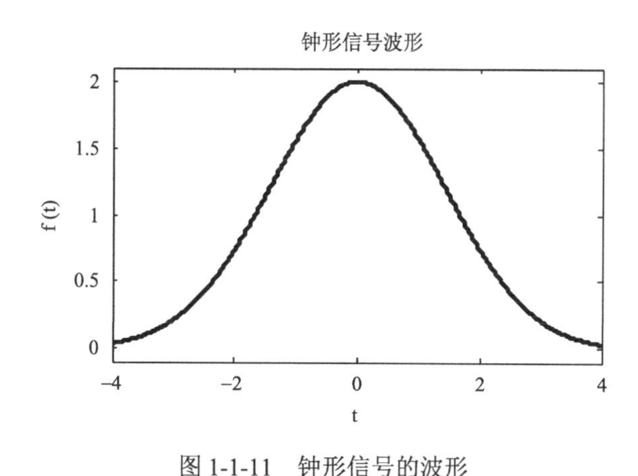

图 1-1-11 钟形信号的波形

12. 三角脉冲信号

三角脉冲信号也称为三角波，其函数表达式为

$$f(t)=\begin{cases}E\left(1-\dfrac{2|t|}{\tau}\right), & |t|\leqslant\dfrac{\tau}{2}\\ 0, & |t|>\dfrac{\tau}{2}\end{cases}$$

在 MATLAB 中，三角脉冲信号用 tripuls() 函数来表示。调用格式为：tripuls(t，width，skew)，其中 width 表示脉冲宽度，skew 表示脉冲斜度，取值范围是−1 到 1 之间的值。默认值为 skew=0，width=1。有以下三种情况：

(1) tripuls(t) 表示产生一个以 t=0 为对称轴，脉冲宽度为 1，幅度为 1 的三角脉冲信号；

(2) tripuls(t，width) 表示产生一个以 t=0 为对称轴，脉冲宽度为 width，幅度为 1 的三角脉冲信号；

(3) tripuls(t，width，skew) 表示产生一个以 t=0 为对称轴，脉冲宽度为 width，斜度为 skew，幅度为 1 的三角脉冲信号。

例 1-1-12　绘制以下三角脉冲信号的波形。

(1) $f_1(t)=\begin{cases}2\left(1-\dfrac{|t|}{2}\right), & |t|\leqslant 2\\ 0, & |t|>2\end{cases}$；　(2) $f_2(t)=\begin{cases}1-\dfrac{1}{2}t, & |t|\leqslant 2\\ 0, & |t|>2\end{cases}$；

(3) $f_3(t)=\begin{cases}1+\dfrac{1}{2}t, & |t|\leqslant 2\\ 0, & |t|>2\end{cases}$。

绘制上述三角脉冲信号的 MATLAB 仿真程序为

```
%调用tripuls()函数实现三角脉冲信号波形的仿真
clear all; close all; clc;
t=-4:0.001:4;
ft=2*tripuls(t,4,0);          %调用三角脉冲函数
subplot(3,1,1);
plot(t,ft,'-k','linewidth',2);
axis([-4,4,-0.1,2.1]);
xlabel('t');
ylabel('f_1(t)');
title('三角脉冲信号波形(斜度为0)');
ft1=2*tripuls(t,4,-1);
subplot(3,1,2);
plot(t,ft1,'-k','linewidth',2);
axis([-4,4,-0.1,2.1]);
```

```
xlabel('t');
ylabel('f_2(t)');
title('三角脉冲信号波形(斜度为-1)');
ft2=2*tripuls(t,4,1);         %调用三角脉冲函数
subplot(3,1,3);
plot(t,ft2,'-k','linewidth',2);
axis([-4,4,-0.1,2.1]);
xlabel('t');
ylabel('f_3(t)');
title('三角脉冲信号波形(斜度为1)');
```

程序运行后，仿真绘制的三角脉冲信号的波形如图 1-1-12 所示。

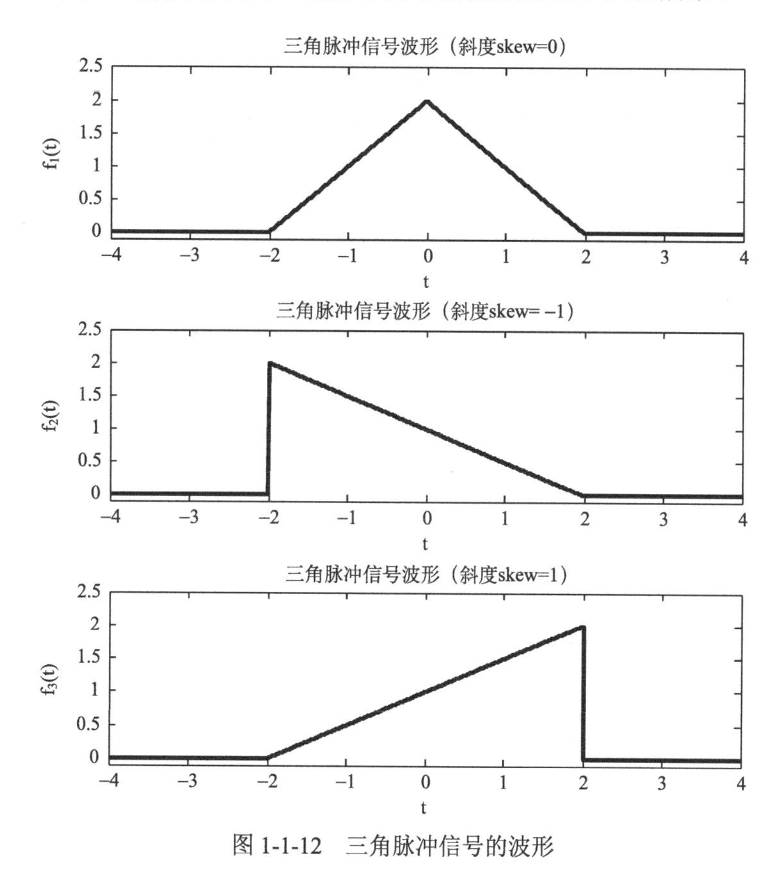

图 1-1-12　三角脉冲信号的波形

13. 周期矩形脉冲信号

在 MATLAB 中，周期矩形脉冲信号调用 square() 函数来产生，调用格式有

以下两种。

（1）f=square(a * t)，这种调用格式产生周期为$\frac{2\pi}{a}$，幅度为+1和–1的周期矩形脉冲信号，常数a为周期矩形脉冲信号时域的尺度变换因子，用来调整该信号的周期。例如，当a=1时，产生周期为2π，幅度为+1和–1的的周期方波。

（2）f=square(a * t, duty)，这种调用格式产生周期为$\frac{2\pi}{a}$，幅度为+1和–1的周期矩形脉冲信号，duty为信号的占空比，取值范围是0~100。所谓占空比是指一个周期内信号为正的部分所占的比例。

例 1-1-13　绘制产生周期矩形脉冲信号。具体参数要求如下。

（1）信号1：周期为2π，幅度为±2；

（2）信号2：周期为1，幅度为±2；

（3）信号3：周期为1，幅度为±2，占空比为70%。

绘制上述周期矩形脉冲信号的MATLAB仿真程序为

```
%调用square()函数实现周期矩形脉冲信号波形的仿真
clear all;close all;clc;
t=-10:0.001:10;
f1=2*square(t);                    %调用矩形脉冲函数
f2=2*square(2*pi*t);               %调用矩形脉冲函数
f3=2*square(2*pi*t,70);            %调用矩形脉冲函数
subplot(3,1,1);
plot(t,f1,'-k','linewidth',2);
axis([-10,10,-2.5,2.5]);
xlabel('t');
title('周期矩形脉冲信号1');
subplot(3,1,2);
plot(t,f2,'-k','linewidth',2);
axis([-10,10,-2.5,2.5]);
xlabel('t');
title('周期矩形脉冲信号2');
subplot(3,1,3);
plot(t,f3,'-k','linewidth',2);
axis([-10,10,-2.5,2.5]);
xlabel('t');
title('周期矩形脉冲信号3');
```

程序运行后，仿真绘制的周期矩形脉冲信号的波形如图1-1-13所示。

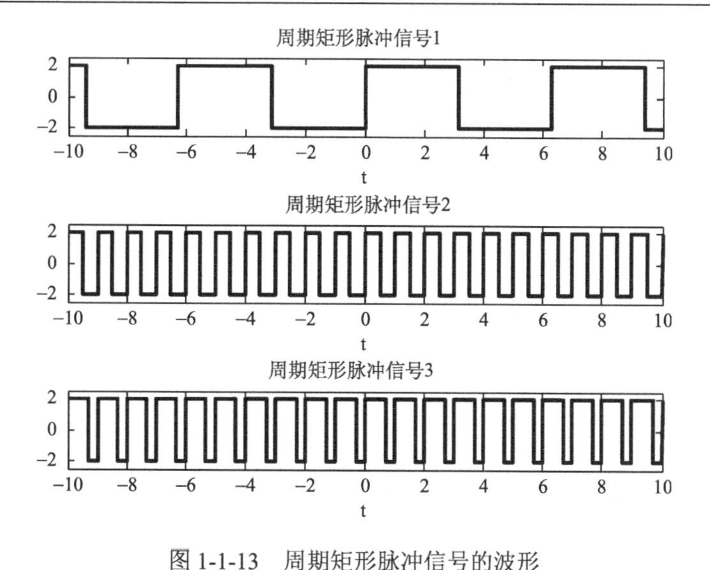

图 1-1-13　周期矩形脉冲信号的波形

14. 周期三角脉冲信号

在 MATLAB 中，周期三角脉冲信号调用 sawtooth()函数来产生，调用格式有以下两种。

(1) f=sawtooth(a * t)，这种调用格式产生周期为$\dfrac{2\pi}{a}$，幅度为+1和−1的周期三角脉冲信号，常数 a 为周期三角脉冲信号时域的尺度变换因子，用来调整该信号的周期。例如，当 a=1 时，产生周期为2π，幅度为+1和−1的周期三角脉冲信号。

(2) f=sawtooth(a * t, width)，这种调用格式产生周期为$\dfrac{2\pi}{a}$，幅度为+1和−1的周期三角脉冲信号，width 是取值为 0～$\dfrac{2\pi}{a}$的常数，用来制定在一个周期内，三角矩形脉冲信号最大值出现的位置。例如，当 width=0.5 时，产生标准的对称三角矩形脉冲信号。

例 1-1-14　绘制产生周期三角脉冲信号。具体参数要求如下。

(1) 信号 1：周期为2π，幅度为±2；

(2) 信号 2：周期为 1，幅度为±2；

(3) 信号 3：周期为 1，幅度为±2，对称三角波。

绘制上述周期三角脉冲信号的 MATLAB 仿真程序为

```
%调用sawtooth()函数实现周期三角脉冲信号波形的仿真
```

```
clear all;close all;clc;
t=-10:0.001:10;
f1=2*sawtooth(t);                          %调用周期三角函数
f2=2*sawtooth(2*pi*t);                     %调用周期三角函数
f3=2*sawtooth(2*pi*t,0.5);                 %调用周期三角函数
subplot(3,1,1);
plot(t,f1,'-k','linewidth',2);
axis([-10,10,-2.5,2.5]);
xlabel('t');
title('周期三角脉冲信号1');
subplot(3,1,2);
plot(t,f2,'-k','linewidth',2);
axis([-10,10,-2.5,2.5]);
xlabel('t');
title('周期三角脉冲信号2');
subplot(3,1,3);
plot(t,f3,'-k','linewidth',2);
axis([-10,10,-2.5,2.5]);
xlabel('t');
title('周期三角脉冲信号3')
```

程序运行后，仿真绘制的周期矩形脉冲信号的波形如图 1-1-14 所示。

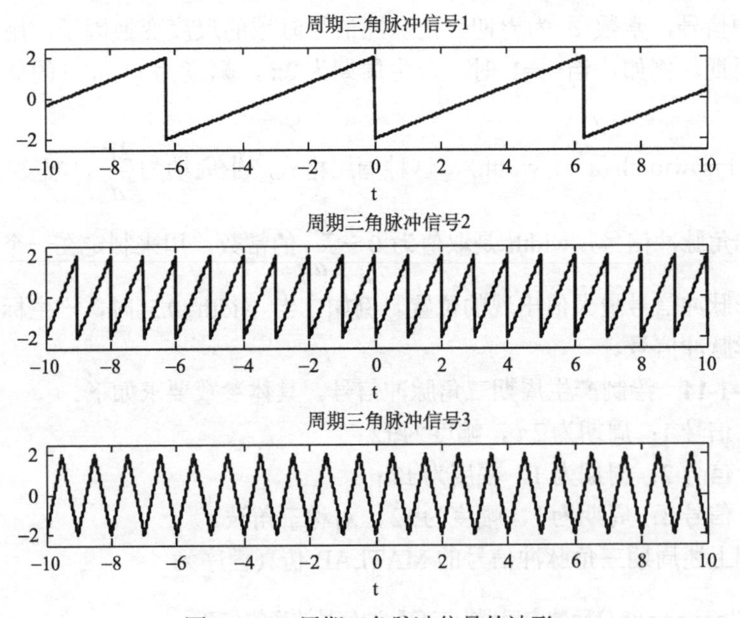

图 1-1-14　周期三角脉冲信号的波形

例 1-1-15 绘制标准的周期矩形脉冲信号和周期三角脉冲信号的波形。

绘制上述信号的 MATLAB 的源程序为

```
clear all; close all; clc;
t=0:0.0001:5;
A=1;T=1;w0=2*pi/T;
ft1=A*square(w0*t);                    %调用周期矩形函数
subplot(2,1,1);
plot(t,ft1,'-k','LineWidth',2);
xlabel('t');
ylabel('f_1(t)');
title('周期矩形脉冲信号');
axis([0,5,-1.5,1.5]);
ft2=A*sawtooth(w0*t,0.5);              %调用周期三角函数
subplot(2,1,2);
plot(t,ft2,'-k','LineWidth',2);
xlabel('t');
ylabel('f_2(t)');
title('周期三角脉冲信号');
axis([0,5,-1.5,1.5]);
```

程序运行后，仿真绘制的信号波形如图 1-1-15 所示。

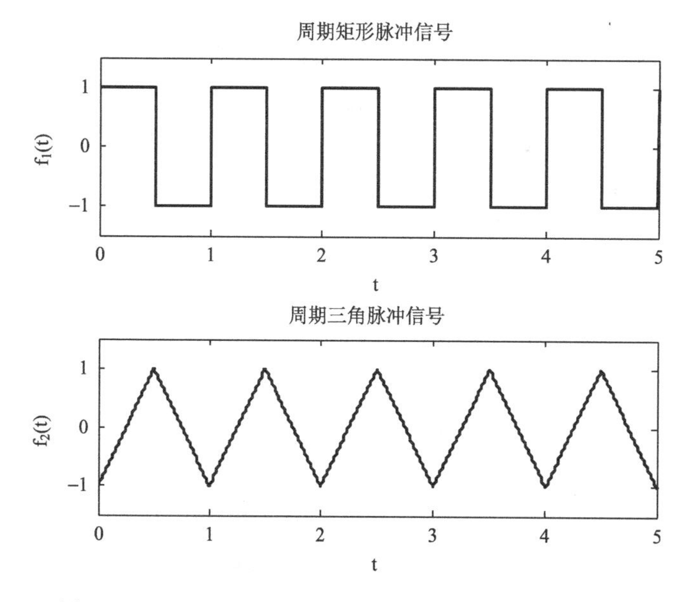

图 1-1-15 周期矩形脉冲信号与周期三角脉冲信号的波形

三、实验内容

1. 在 MATLAB 中运行实验原理中所有典型的连续时间信号的源程序，调试验证仿真波形，深刻理解和掌握各信号产生的方法，以及涉及 MATLAB 中的一些主要子函数的调用格式。

2. 用 MATLAB 绘制出下列信号的波形。

(1) $f(t)=\sin(\pi t)\varepsilon(t)$， $-1\leqslant t\leqslant 5$；　(2) $f(t)=\mathrm{e}^{-2t}\cos(\pi t)$， $-4\leqslant t\leqslant 4$；

(3) $f(t)=(2-\mathrm{e}^{-t})\varepsilon(t)$， $-1\leqslant t\leqslant 10$；　(4) $f(t)=\mathrm{e}^{(0.2+\mathrm{j}0.4\pi)t}$， $0\leqslant t\leqslant 8\pi$；

(5) $f(t)=\mathrm{Sa}(t/4-1)$， $-100\leqslant t\leqslant 100$；　(6) $f(t)=\sin[\pi t\,\mathrm{sgn}(t)]$， $-4\pi\leqslant t\leqslant 4\pi$；

(7) $f(t)=\varepsilon(\cos(t))$，$-10\leqslant t\leqslant 10$；　(8) $f(t)=\varepsilon(t+2)-\varepsilon(t-3)$，$-5\leqslant t\leqslant 5$；

(9) $f(t)=t\mathrm{e}^{-t}\varepsilon(t)$， $-1\leqslant t\leqslant 10$；　(10) $f(t)=(1-\mathrm{e}^{-t})\varepsilon(t)$， $-1\leqslant t\leqslant 8$。

四、实验报告要求

1. 阐述实验目的和实验基本原理。

2. 通过对验证性实验的练习，验证实验原理中例题的程序，比较分析 MATLAB 仿真结果。

3. 根据信号的函数表达式编写 MATLAB 程序，运行实现仿真各种波形图。

4. 总结实验过程中的主要收获以及心得体会。

五、思考题

1. 典型的连续时间信号分别具有什么特性？

2. 单位冲激信号与单位阶跃信号的物理意义是什么？

3. 矩形脉冲信号(门函数)有哪些表示方法？

4. 三角脉冲信号有哪些表示方法？

5. MATLAB 仿真实现连续时间信号的基本原理是什么？

1.2　连续时间信号的基本运算实验

一、实验目的

1. 掌握连续时间信号时域的基本运算(相加、相乘、微积分等)。

2. 掌握连续时间信号时域变换(移位、反褶、尺度变换、倒相、倍乘等)。

3. 掌握用 MATLAB 仿真连续时间信号时域的运算和变换的方法。

4. 仿真验证信号基本运算的结果，为信号分析与处理奠定基础。

二、实验原理

在信号分析与处理的过程中，往往需要对信号进行运算，包括对信号的时域运算以及时域变换(自变量变换)。连续时间信号的时域运算主要包括相加、相乘、微分、积分、相关等；连续时间信号的时域变换主要包括移位(延时或时移)、反褶(反转或反折)、尺度变换(包括压缩与展宽)、倒相以及它们的结合变换。在现实中的某些物理器件可以直接实现这些功能，如调音台、扩音器等。本实验主要通过MATLAB仿真实现以上运算，使我们能够更加直观地观察到在信号的运算过程中信号的表达式的变化对应的具体波形的变化情况，进而熟悉这些运算的物理意义。

1. 信号的相加与相乘

信号 $f_1(t)$ 与信号 $f_2(t)$ 的相加运算是指这两个信号的同一瞬时值对应相加所构成的“和信号 $f(t)$ ”，即

$$f(t)=f_1(t)+f_2(t)$$

调音台的作用是将音乐和语言混合到一起，是信号相加运算的一个具体实例。

信号 $f_1(t)$ 与信号 $f_2(t)$ 的相乘运算是指这两个信号的同一瞬时值对应相乘所构成的“积信号 $f(t)$ ”，即

$$f(t)=f_1(t)\cdot f_2(t)$$

收音机的调幅信号是信号相乘运算的一个具体实例，它是将音频信号 $f_1(t)$ 加载到被称为载波的正弦信号 $f_2(t)$ 上。同时，必须指出，在通信系统的调制、解调等过程中会经常遇到信号相乘的运算。

在 MATLAB 中，以向量形式表示参与相加或相乘运算的两个基本信号，分别使用运算符“+”和“.*”实现运算。需要注意的是，在进行相加或相乘运算时，两个信号的长度以及时间区间必须完全相同。

例 1-2-1　已知信号 $f_1(t)=\sin(2\pi t)$，$f_2(t)=2\sin(12\pi t)$，绘制信号 $f_1(t)$、$f_2(t)$、相加信号 $f_1(t)+f_2(t)$、相乘信号 $f_1(t)\cdot f_2(t)$ 的波形，并画出包络线。

信号相加、相乘的 MATLAB 源程序为

```
clear all; close all; clc;
t=[-4:0.001:4];
f1=sin(2*pi*t);                 %信号1
f2=2*sin(12*pi*t);              %信号2
fa=f1+f2;                       %信号相加运算
fm=f1.*f2;                      %信号相乘运算
subplot(4,1,1);
```

```
plot(t,f1,'-k','linewidth',2);          %绘制信号1
ylabel('f_1(t)');
title('信号1');
subplot(4,1,2);
plot(t,f2,'-k','linewidth',2);          %绘制信号2
ylabel('f_2(t)');
title('信号2');
subplot(4,1,3);
plot(t,fa,'-k',t,f1+2,'r:',t,f1-2,'r:','linewidth',2);
%绘制相加信号
ylabel('f_1(t)+f_2(t)');
title('和信号');
subplot(4,1,4);
plot(t,fm,'-k',t,f1*2,'r:',t,-f1*2,'r:','linewidth',2);
%绘制相乘信号
xlabel('t');
ylabel('f_1(t)f_2(t)');
title('积信号');
```

程序运行后，仿真的信号波形如图 1-2-1 所示。

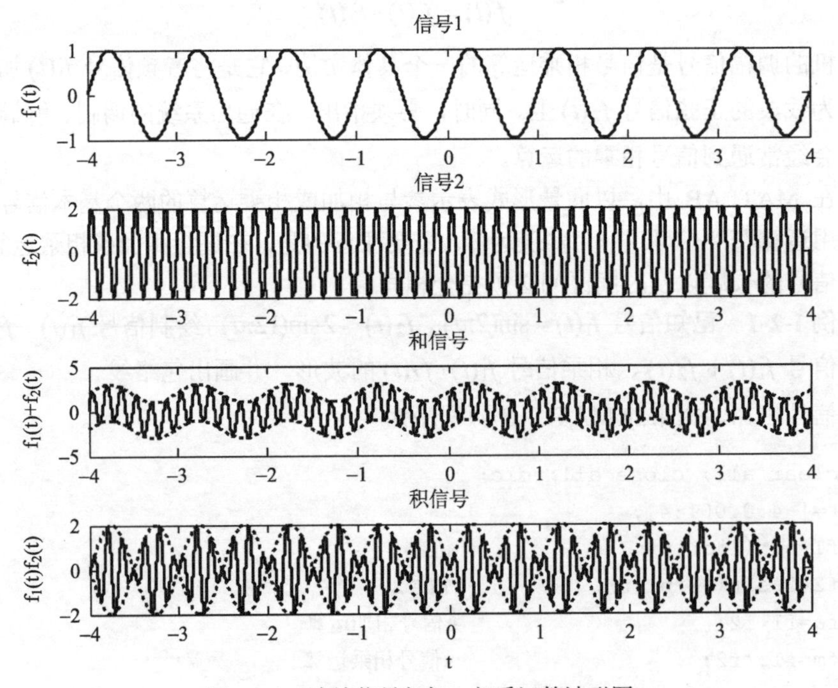

图 1-2-1　连续信号相加、相乘运算波形图

2. 信号的时域的变换

信号的时域变换主要包括移位、反褶、尺度变换、标量乘法与倒相等。信号的移位、反褶与尺度变换等运算，实际上是对信号函数的自变量的运算。

1）移位

移位也称为延时或时移。对于连续时间信号 $f(t)$，若将自变量 t 用 $t \pm t_0$ 来代替，则 $f(t \pm t_0)$ 相当于 $f(t)$ 在时间 t 轴上的整体平移。假设 $t_0 > 0$，信号 $f(t+t_0)$ 是原始信号 $f(t)$ 沿时间 t 轴负方向平移(左移) t_0 个时间单位；信号 $f(t-t_0)$ 是原信号 $f(t)$ 沿时间 t 轴正方向平移(右移) t_0 个时间单位。

在 MATLAB 中，信号 $f(t)$ 的移位为 $f(t+t_0)$ 或 $f(t-t_0)$（t_0 为位移量），即函数的自变量加或减一个常数，可以使用运算符“+”或“−”来实现。

2）反褶

反褶也称为反转或反折。将信号 $f(t)$ 中的自变量 t 替换为 $-t$，其几何意义是将信号 $f(t)$ 以 $t=0$（纵坐标)为轴反褶过来，该运算也称为时间轴反转。

在 MATLAB 中，信号 $f(t)$ 的反褶表示为 $y(t)=f(-t)$，函数的自变量乘以一个负号，也可以直接写出。

3）尺度变换

尺度变换也称为横坐标展缩。对于信号 $f(t)$，用变量 at（a 为非零的常数）来替换自变量 t，得到信号 $f(at)$。当 $0<a<1$ 时，$f(at)$ 表示将原信号 $f(t)$ 以 $t=0$ 为基准，沿着横坐标展宽至 $1/a$ 倍；当 $a>1$ 时，$f(at)$ 表示将原信号 $f(t)$ 以 $t=0$ 为基准，沿着横坐标压缩到原来的 $1/a$；当 $a<0$ 时，$f(at)$ 表示将原信号 $f(t)$ 反褶并展宽或压缩至 $1/|a|$。

在 MATLAB 中，信号 $f(t)$ 在时域的尺度变换为 $y(t)=f(at)$，a 为任意实数，即函数自变量乘以一个常数，可以用算术运算符“*”来实现。

4）标量乘法

标量乘法是将 $f(t)$ 替换为 $af(t)$。当 $0<a<1$ 时，$af(t)$ 表示将原信号 $f(t)$ 缩小为原来的 $1/a$；当 $a>1$ 时，$af(t)$ 表示将原信号 $f(t)$ 放大为原来的 a 倍。

5）倒相

倒相是将信号 $f(t)$ 替换为 $-f(t)$，其几何意义是将信号 $f(t)$ 以 $f(t)=0$（横坐标)为轴反转过来。在二进制相移键控中，将有效状态对应于载波进行 180° 的变化即为倒相。

例 1-2-2　已知信号 $f(t)=(t+1)\left[\varepsilon(t+1)-\varepsilon(t)\right]$，绘制信号 $f(t)$、$f(t-1)$、$f(2t)$、$f(-t)$、$-f(t)$ 和 $f(1-2t)$ 的波形。

自定义一个 M 函数：

```
function f=original_signal(t)          %自定义原始信号函数
f=(t+1).*rectpuls(t+0.5,1)+rectpuls(t-0.5,1)
```

信号时域变换的 MATLAB 源程序为

```
clear all; close all; clc;
t0=-3;t1=3;dt=0.1;
t=t0:dt:t1;
f1=original_signal(t);          %调用自定义函数
subplot(3,2,1);
plot(t,f1,'-k','linewidth',2);
axis([-3,3,-0.1,1.1]);
title('原始信号');
f2=original_signal(t-1);          %调用自定义函数
subplot(3,2,2);
plot(t,f2,'-k','linewidth',2);
axis([-3,3,-0.1,1.1]);
title('移位信号');
f3=original_signal(2*t);          %调用自定义函数
subplot(3,2,3);
plot(t,f3,'-k','linewidth',2);
axis([-3,3,-0.1,1.1]);
title('展缩信号');
f4=original_signal(-t);          %调用自定义函数
subplot(3,2,4);
plot(t,f4,'-k','linewidth',2);
axis([-3,3,-0.1,1.1]);
title('反褶信号');
f5=-original_signal(t);          %调用自定义函数
subplot(3,2,5);
plot(t,f5,'-k','linewidth',2);
axis([-3,3,-1.1,0.1]);
title('倒相信号');
f6=original_signal(1-2*t);          %调用自定义函数
subplot(3,2,6);
plot(t,f6,'-k','linewidth',2);
axis([-3,3,-0.1,1.1]);
title('复合变换信号');
```

程序运行后，仿真的信号波形如图 2-2 所示。

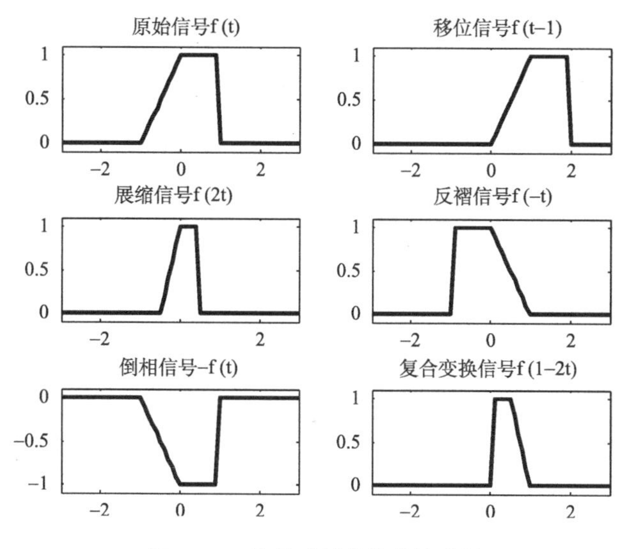

图 1-2-2　信号时域变换的波形图

3. 信号的微分与积分

1）信号的微分

信号 $f(t)$ 的微分是指信号 $f(t)$ 对 t 求导数，即 $f'(t)=\dfrac{\mathrm{d}}{\mathrm{d}t}f(t)$ 。

2）信号的积分

信号 $f(t)$ 的积分是指 $f(t)$ 在区间 $(-\infty,\ t)$ 内的定积分，即 $\int_{-\infty}^{t} f(\tau)\mathrm{d}\tau$ 。

信号经微分后突出显示了它的变化部分。如果 $f(t)$ 是一幅黑白图像信号，那么经过微分运算后将其图像的边缘轮廓突出。信号经积分运算后，其效果与微分相反，信号的突变部分可变得平滑，利用这一作用可削弱信号中混入的毛刺(噪声)的影响。

例 1-2-3　已知信号 $f(t)=2t^2+3t$ ，求信号的一阶微分和一次积分，并绘制波形图。

对上述信号进行微分、积分的 MATLAB 源程序为

```
clear all; close all; clc;
t=-2:0.01:2;
syms t
f=2*t.*t+3*t;
f1=diff(f);              %微分运算
f2=int(f);               %积分运算
```

```
subplot(3,1,1);
h=ezplot(f);
set(h,'color','k','linewidth',2)
title('原始信号');
subplot(3,1,2);
h=ezplot(f1);
set(h,'color','k','linewidth',2)
title('微分信号');
subplot(3,1,3);
h=ezplot(f2);
set(h,'color','k','linewidth',2)
title('积分信号');
```

程序运行后信号波形如图 1-2-3 所示。

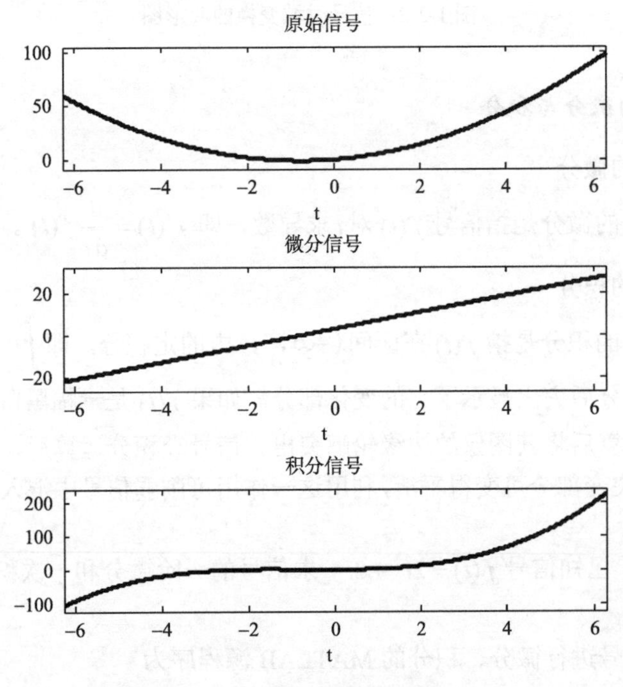

图 1-2-3　信号的微分与积分的波形

4. 信号分解为偶分量和奇分量

众所周知，任何信号都可以表示为该信号的偶分量和奇分量之和。对于信号 $f(t)$，分别用 $f_e(t)$ 和 $f_o(t)$ 表示偶分量和奇分量，则有

$$f(t)=f_{\mathrm{e}}(t)+f_{\mathrm{o}}(t)$$

式中，

$$f_{\mathrm{e}}(t)=\frac{1}{2}\left[f(t)+f(-t)\right]$$

$$f_{\mathrm{o}}(t)=\frac{1}{2}\left[f(t)-f(-t)\right]$$

从以上公式可以看出：

$$f_{\mathrm{e}}(t)=f_{\mathrm{e}}(-t)$$

$$f_{\mathrm{o}}(t)=-f_{\mathrm{o}}(-t)$$

例 1-2-4　已知信号 $f(t)=(t+1)\left[\varepsilon(t+1)-\varepsilon(t)\right]+\left[\varepsilon(t)-\varepsilon(t-1)\right]$，求信号的偶分量和奇分量，并绘制它们的波形图。

自定义一个 M 函数：

```
function f=original_signal(t)          %自定义原始信号函数
f=(t+1).*rectpuls(t+0.5,1)+rectpuls(t-0.5,1)
```

偶分量和奇分量的 MATLAB 源程序为

```
clear all; close all; clc;
t=-2:0.01:2;
f1=original_signal(t);          %信号f(t)
f2=1/2*(original_signal(t)+original_signal(-t));  %计算信号的偶分量
f3=1/2*(original_signal(t)-original_signal(-t));  %计算信号的奇分量
subplot(3,1,1),
plot(t,f1,'-k','linewidth',2);
axis([-2,2,-0.1,1.1]);
ylabel('f(t)');
title('信号f(t)');
subplot(3,1,2),
plot(t,f2,'-k','linewidth',2);             %绘制偶分量波形
ylabel('f_e(t)');
title('信号偶分量f_e(t)');
axis([-2,2,-0.1,1.1]);
subplot(3,1,3),
plot(t,f3,'-k','linewidth',2);            %绘制奇分量波形
xlabel('t');
ylabel('f_o(t)');
title('信号奇分量f_o(t)');
```

```
axis([-2,2,-0.6,0.6]);
```

程序运行后，仿真的信号波形如图 1-2-4 所示。

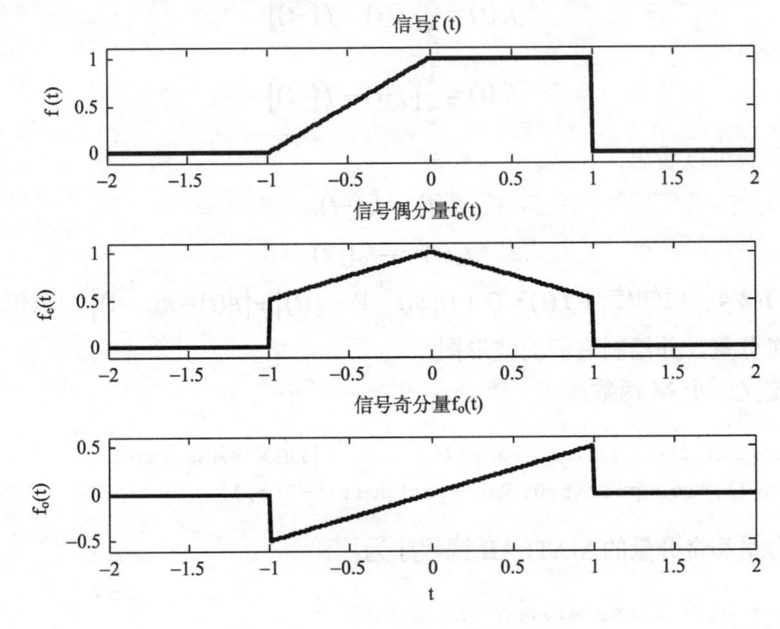

图 1-2-4　信号的奇偶分量波形图

三、实验内容

1. 在 MATLAB 中运行实验原理中所有例题源程序，调试验证仿真结果。

2. 已知信号 $f_1(t)=(t+1)\left[\varepsilon(t)-\varepsilon(t-6)\right]$，$f_2(t)=2\cos(4\pi t)$，用 MATLAB 绘制信号 $f_1(t)+f_2(t)$、$f_1(t)\cdot f_2(t)$ 的波形。

3. 已知信号 $f(t)=(2t+1)\left[\varepsilon(t+2)-\varepsilon(t-2)\right]$，分别绘制 $f(t)$、$f(t-2)$、$f(t+2)$、$f(2t)$、$f(-t)$、$-f(t)$ 和 $f(2-2t)$ 的波形。

4. 已知信号 $f_1(t)=\varepsilon(t)-\varepsilon(t-1)$ 和信号 $f_2(t)=t\left[\varepsilon(t)-\varepsilon(t-2)\right]+(2-t)\left[\varepsilon(t-2)-\varepsilon(t-4)\right]$，分别用 MATLAB 表示信号 $f_1(t)$、$f_2(t)$、$f_2(t)\cos(50t)$ 和 $f_1(t)+f_2(t)\cos(50t)$，并画出信号波形。

5. 已知信号 $f_1(t)=t\left[\varepsilon(t)-\varepsilon(t-2)\right]$ 和 $f_2(t)=g_4(t)$，分别用 MATLAB 表示信号 $f_1(t)$ 和 $f_2(t)$ 奇分量和偶分量，并画出信号波形。

6. 绘制出下列各信号的波形图，并分析它们的区别。

(1) $f(t)=t\left[\varepsilon(t)-\varepsilon(t-2)\right]$；

(2) $f(t)=t[\varepsilon(t)-\varepsilon(t-2)]+\varepsilon(t-1)$；

(3) $f(t)=(t-1)\varepsilon(t-1)$；

(4) $f(t)=-(t-1)[\varepsilon(t)-\varepsilon(t-2)]$；

(5) $f(t)=\varepsilon(t)-3\varepsilon(t-2)+\varepsilon(t-4)$；

(6) $f(t)=(t-2)[\varepsilon(t-3)-\varepsilon(t-5)]$。

四、实验报告要求

1. 阐述实验目的和实验基本原理。

2. 通过对验证性实验的练习，验证实验原理中例题的程序，比较仿真结果。

3. 根据信号基本运算和变换的原理，求出相应的数学表达式，编写 MATLAB 程序，绘制信号运算的各种波形图。

4. 总结实验过程中的主要收获以及心得体会。

五、思考题

1. 信号的基本运算都有哪些物理的意义？请举例说明。

2. $f(t+t_0)$ 与 $f(-t+t_0)$ 有何异同？说明为什么。

3. 信号在移位、尺度变换、反褶、倒相等变换过程中，顺序能否调换？共有多少种方法？

4. 信号的偶分量、奇分量分别具有什么特性？

1.3　连续时间系统的时域分析实验

一、实验目的

1. 掌握连续时间线性时不变系统的数学模型及系统响应的求解方法，能够用 MATLAB 来求解系统的微分方程。

2. 掌握连续时间线性时不变系统零输入响应和零状态响应的定义与求解方法，掌握用 MATLAB 求解系统的零状态响应的方法。

3. 掌握连续时间线性时不变系统冲激响应和阶跃响应的定义与求解方法，掌握用 MATLAB 求解系统冲激响应和阶跃响应的方法。

4. 通过 MATLAB 仿真，加深对连续时间线性时不变系统自由响应、强迫响应、零输入响应、零状态响应、冲激响应和阶跃响应的理解。

二、实验原理

1. 连续时间系统的数学模型

对于任一连续时间线性时不变系统来说，其数学模型可以用 n 阶常系数线性微分方程来描述激励 $f(t)$ 与响应 $y(t)$ 之间关系，一般表达式写为

$$\begin{aligned}&y^{(n)}(t)+a_{n-1}y^{(n-1)}(t)+\cdots+a_1y^{(1)}(t)+a_0y(t)\\&=b_mf^{(m)}(t)+b_{m-1}f^{(m-1)}(t)+\cdots+b_1f^{(1)}(t)+b_0f(t)\end{aligned}$$

简写为

$$\sum_{j=0}^{n}a_jy^{(j)}(t)=\sum_{i=0}^{m}b_if^{(i)}(t)$$

式中，$a_j(j=0,\ 1,\ \cdots,\ n)$ 和 $b_i(i=0,\ 1,\ \cdots,\ m)$ 均为常数，$a_n=1$。该微分方程的完全解由齐次解 $y_{\mathrm{h}}(t)$ 和特解 $y_{\mathrm{p}}(t)$ 两部分组成，即

$$y(t)=y_{\mathrm{h}}(t)+y_{\mathrm{p}}(t)=\sum_{j=1}^{n}C_j\,\mathrm{e}^{\lambda_jt}+y_{\mathrm{p}}(t)$$

式中，系数 C_j 由系统的初始条件来确定。

例 1-3-1　描述某线性时不变系统的微分方程为

$$y''(t)+5y'(t)+6y(t)=f(t)$$

初始状态为 $y(0_-)=2$，$y'(0_-)=0$，求激励 $f(t)=10\cos t\varepsilon(t)$ 时该系统的自由响应、强迫响应以及全响应。

对上述微分方程进行经典法求解得到系统的响应为

$$y(t)=y_{\mathrm{h}}(t)+y_{\mathrm{p}}(t)=\overbrace{\underbrace{2\mathrm{e}^{-2t}-\mathrm{e}^{-3t}}_{\text{齐次解}}}^{\text{自由响应}}+\overbrace{\underbrace{\cos t+\sin t}_{\text{特解}}}^{\text{强迫响应}}=\overbrace{\underbrace{2\mathrm{e}^{-2t}-\mathrm{e}^{-3t}+\cos t+\sin t}_{\text{全解}}}^{\text{全响应}}$$

MATLAB 源程序如下所示。

在 MATLAB 的命令窗口输入下面的命令，可以求得该微分方程的全解、齐次解和特解。

```
>> y=dsolve('D2y+5*Dy+6*y=10*cos(t)','y(0)=2,Dy(0)=0')  %全解
y =
2*exp(-2*t) - exp(-3*t) + cos(t) + sin(t)
>> yht=dsolve('D2y+5*Dy+6*y=0')                          %齐次解的通解
yht =
C1*exp(-2*t) + C2*exp(-3*t)
>> yt=dsolve('D2y+5*Dy+6*y=10*cos(t)')                   %非齐次解的通解
```

```
yt =
cos(t) + sin(t) + C1*exp(-2*t) + C2*exp(-3*t)
```

依据完全解、齐次解和特解之间的关系: yp = yt –yht, yh=y–yp，可以求得

```
yh = 2*exp(-2*t) - exp(-3*t)                    %齐次解
yp = cos(t) + sin(t)                            %特解
```

绘制齐次解、特解和完全解的 MATLAB 源程序为

```
clear all; close all; clc;
t=0:0.01:15;
y=dsolve('D2y+5*Dy+6*y=10*cos(t)','y(0)=2,Dy(0)=0');  %全解,即全响应
yp=cos(t)+sin(t);                                     %特解,即强迫响应
yh= 2*exp(-2*t) - exp(-3*t);                          %齐次解，即自由响应
y1=subs(y);
subplot(3,1,1);
plot(t,yh,'-k','linewidth',2);
xlabel('t');
ylabel('y_h(t)');
title('自由响应(齐次解)');
subplot(3,1,2);
plot(t,yp,'-k','linewidth',2);
xlabel('t');
ylabel('y_p(t)');
title('强迫响应(特解)');
subplot(3,1,3);
plot(t,y1,'-k','linewidth',2);
xlabel('t');
ylabel('y(t)');
title('全响应(完全解)');
```

程序运行后，仿真结果如图 1-3-1 所示。

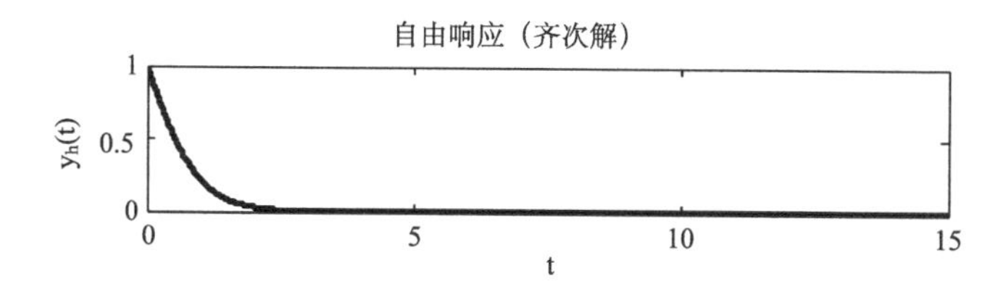

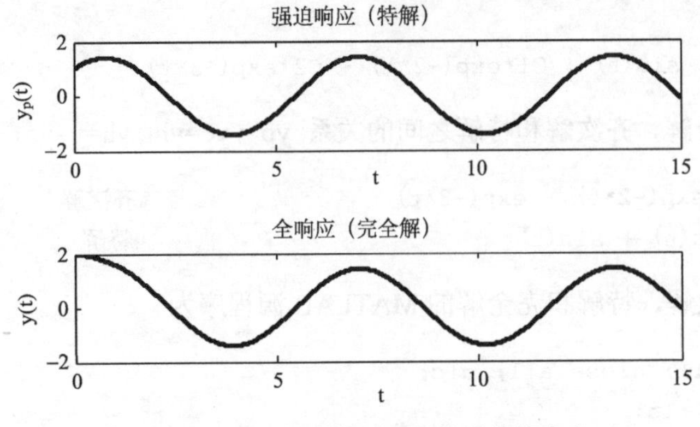

图 1-3-1　微分方程求解得到的系统的响应

2. 零输入响应和零状态响应

线性时不变系统的全响应也可以分解为零输入响应和零状态响应。零输入响应是激励信号 $f(t)$ 为零时仅仅由系统的初始状态所引起的响应，用 $y_{zi}(t)$ 表示。在零输入条件下，系统数学模型的微分方程等号右端为零，方程化为齐次方程，即

$$\sum_{j=0}^{n} a_j {y_{zi}}^{(j)}(t) = 0$$

假设其特征根均为单根，则系统的零输入响应为

$$y_{zi}(t) = \sum_{j=1}^{n} C_{zij}\, \mathrm{e}^{\lambda_j t}$$

式中，C_{zij} 为待定常数，由系统的初始状态可以确定各待定常数。考虑到输入为零，故系统的初始值：

$${y_{zi}}^{(j)}(0_+) = {y_{zi}}^{(j)}(0_-) = y^{(j)}(0_-)\,,\quad j = 0,1,\cdots,n-1$$

零状态响应是系统的初始状态为零时，仅由激励信号 $f(t)$ 引起的响应，用 $y_{zs}(t)$ 表示。在零状态条件下，系统数学模型的微分方程仍为非齐次方程，形式如下：

$$\sum_{j=0}^{n} a_j {y_{zs}}^{(j)}(t) = \sum_{i=0}^{m} b_i f^{(i)}(t)$$

系统的初始状态为 ${y_{zs}}^{(j)}(0_-)$。假设微分方程的特征根均为单根，系统的零状态响应为

$$y_{zs}(t) = \sum_{j=1}^{n} C_{zsj}\, \mathrm{e}^{\lambda_j t} + y_{\mathrm{p}}(t)$$

式中，C_{zsj} 为待定常数，$y_{\mathrm{p}}(t)$ 为方程的特解。

例 1-3-2　描述某线性时不变系统的微分方程为

$$y''(t)+3y'(t)+2y(t)=f'(t)+2f(t)$$

其初始状态为 $y(0_-)=1$，$y'(0_-)=1$，当 $f(t)=t^2\varepsilon(t)$ 时，求该系统的零输入响应和零状态响应。

MATLAB 源程序为

```
clear all; close all; clc;
a=[1 3 2];b=[1 2];                %输入微分方程系数向量
t=0:0.01:10;
f=t.^2;                           %激励信号
sys=tf(b,a);
yzst=lsim(sys,f,t);               %零状态响应
yzit=dsolve('D2y+3*Dy+2*y=0','y(0)=1,Dy(0)=1');      %零输入响应
subplot(1,2,1);
h=ezplot(yzit,t);
set(h,'color','k','linewidth',2)
xlabel('t');
ylabel('yzi(t)');
title('零输入响应');
subplot(1,2,2);
plot(t,yzst,'k','linewidth',2);
xlabel('t');
ylabel('yzs(t)');
title('零状态响应');
```

程序运行后，仿真的结果如图 1-3-2 所示。

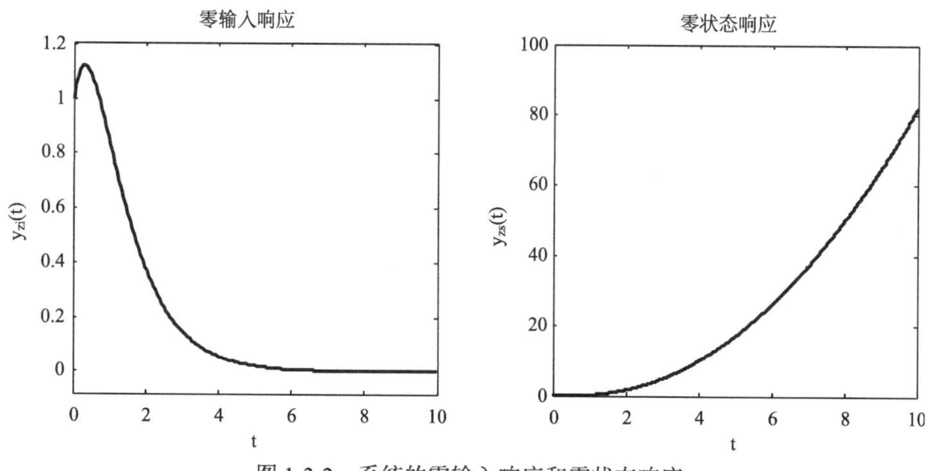

图 1-3-2　系统的零输入响应和零状态响应

3. 冲激响应和阶跃响应

对于一个线性时不变连续系统，当系统的初始状态为零时，输入为单位冲激函数$\delta(t)$所引起的响应称为单位冲激响应，简称冲激响应，用$h(t)$表示。换句话说，冲激响应就是激励为单位冲激函数$\delta(t)$时系统的零状态响应，即

$$h(t) \overset{\text{def}}{=} T\left[\{0\},\delta(t)\right]$$

对于一个线性时不变连续系统，当系统的初始状态为零时，输入为单位阶跃函数$\varepsilon(t)$所引起的响应称为单位阶跃响应，简称阶跃响应，用$g(t)$表示。换句话说，阶跃响应就是激励为单位阶跃函数$\varepsilon(t)$时系统的零状态响应，即

$$g(t) \overset{\text{def}}{=} T\left[\{0\},\varepsilon(t)\right]$$

由于单位阶跃函数$\varepsilon(t)$与单位冲激函数$\delta(t)$的关系为

$$\delta(t) = \frac{\mathrm{d}\varepsilon(t)}{\mathrm{d}t}$$

$$\varepsilon(t) = \int_{-\infty}^{t} \delta(x)\mathrm{d}x$$

根据线性时不变系统的微(积)分特性，同一系统的阶跃响应与冲激响应之间的关系为

$$h(t) = \frac{\mathrm{d}g(t)}{\mathrm{d}t}$$

$$g(t) = \int_{-\infty}^{t} h(x)\mathrm{d}x$$

例 1-3-3　如例 1-3-2 中所描述系统，求该系统的单位冲激响应和单位阶跃响应。

MATLAB 源程序为

```
clear all; close all; clc;
a=[1 3 2];b=[1 2];              %输入微分方程系数向量
dt=0.001;t=0:dt:6;
ht=impulse(b,a,t);              %系统的单位冲激响应
gt=step(b,a,t);                 %系统的单位阶跃响应
subplot(1,2,1);
plot(t,ht,'-k','linewidth',2);
xlabel('t');
ylabel('h(t)');
title('单位冲激响应');
subplot(1,2,2);
```

```
plot(t,gt,'-k','linewidth',2);
xlabel('t');
ylabel('g(t)');
title('单位阶跃响应');
```

程序运行后，仿真的结果如图 1-3-3 所示。

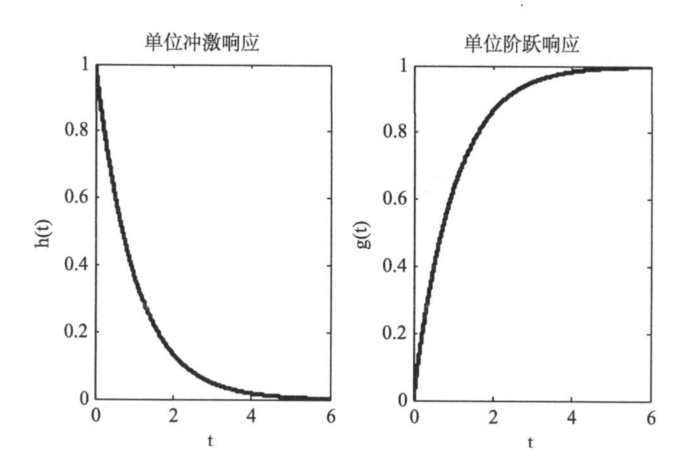

图 1-3-3　系统的单位冲激响应与单位阶跃响应

三、实验内容

1. 在 MATLAB 中运行实验原理中所有例题源程序，调试验证仿真结果。

2. 描述某线性时不变系统的微分方程为

$$y''(t)+3y'(t)+2y(t)=2f'(t)+6f(t)$$

其初始状态为 $y(0_-)=2$，$y'(0_-)=1$，当 $f(t)=\mathrm{e}^{-2t}\varepsilon(t)$ 时，求该系统的自由响应、强迫响应、零输入响应、零状态响应以及全响应，并绘制它们的波形图。

3. 已知某线性时不变系统的微分方程为

$$y''(t)+3y'(t)+2y(t)=f''(t)+2f'(t)$$

试分别用两种方法计算系统的单位冲激响应 $h(t)$，单位阶跃响应 $g(t)$，与理论结果进行对比验证。

四、实验报告要求

1. 阐述实验目的和实验基本原理。

2. 根据微分方程的经典求解方法，分别写出各种响应相应的数学表达式，编写 MATLAB 程序，绘制各种响应的波形图。

3. 用 MATLAB 自带的函数分别求解系统的单位冲激响应、单位阶跃响应以及零状态响应，并与经典法求解进行对比验证。

4. 总结实验过程中的主要收获以及心得体会。

五、思考题

1. 系统的自由响应与强迫响应的概念是什么？分别有什么物理意义？

2. 系统的零输入响应与零状态响应的概念是什么？分别有什么物理意义？

3. 系统的单位冲激响应与单位阶跃响应的概念是什么？分别有什么物理意义？它们之间有何关系？

4. 为什么说系统的单位冲激响应 $h(t)$ 既可以认为是零状态响应，也可以认为是零输入响应？

1.4 连续时间信号的卷积积分实验

一、实验目的

1. 掌握卷积积分的定义和图示求解方法。

2. 掌握利用 MATLAB 进行卷积运算的原理和方法。

3. 掌握连续时间信号进行卷积积分时调用的函数 conv()和自定义函数 conv_signal()。

二、实验原理

1. 卷积积分

对于两个连续时间信号对应的函数 $f_1(t)$ 和 $f_2(t)$，有积分

$$f(t)=\int_{-\infty}^{+\infty} f_1(\tau)f_2(t-\tau)\,\mathrm{d}\tau$$

称为 $f_1(t)$ 与 $f_2(t)$ 的卷积积分，简称为卷积。卷积运算简记为 $f(t)=f_1(t)*f_2(t)$。

两个函数做卷积积分运算一般需要五个步骤：

(1) 将两个函数的自变量 t 改为 τ，τ 变成函数的自变量，即 $f_1(\tau)$ 和 $f_2(\tau)$。

(2) 把其中任一个函数反褶(一般选取函数波形比较简单的进行反褶)，例如，把 $f_2(\tau)$ 变成 $f_2(-\tau)$。

(3) 把反褶后的函数沿 τ 轴平移时间 t，得函数 $f_2(t-\tau)$，这样 t 是一个参变量。在 τ 坐标系中，$t>0$ 时图形右移，$t<0$ 时图形左移。

(4) 计算两个函数重叠部分的乘积 $f_1(\tau)f_2(t-\tau)$。

(5) 对完成相乘后的图形进行积分运算。

卷积积分运算中积分上下限的确定取决于两个函数波形重叠部分的范围，卷积结果所占有的时宽等于两个函数各自时宽的总和。

2. 卷积积分的应用

对于一个线性时不变系统来说，系统的零状态响应 $y_{zs}(t)$ 等于系统的输入 $f(t)$ 与系统的单位冲激响应 $h(t)$ 的卷积积分，即

$$y_{zs}(t)=f(t)*h(t)=\int_{-\infty}^{+\infty}f(\tau)h(t-\tau)\mathrm{d}\tau$$

当系统为因果系统时，即输入信号从 $t=0$ 时刻加入，有

$$y_{zs}(t)=\int_{0}^{t}f(\tau)h(t-\tau)\mathrm{d}\tau$$

3. 利用 MATLAB 进行卷积的数值计算

在利用 MATLAB 进行连续时间信号的卷积积分运算时，可以用数值方法近似计算，即选取足够小的时间间隔，把连续时间信号转变成离散时间序列，此时积分运算转化为离散序列求和的运算。设选取时间间隔为 ΔT，连续时间信号 $f_1(t)$ 和 $f_2(t)$ 分别变为离散序列 $f_1(n\Delta T)$ 和 $f_2(n\Delta T)$，卷积积分的运算则表示为

$$y(t)=f_1(t)*f_2(t)=\int_{-\infty}^{+\infty}f_1(\tau)f_2(t-\tau)\mathrm{d}\tau=\lim_{\Delta T\to 0}\sum_{n=-\infty}^{\infty}f_1(n\Delta T)f_2(t-n\Delta T)\Delta T$$

当 $t=k\Delta T$，

$$y(k\Delta T)=\sum_{n=-\infty}^{\infty}f_1(n\Delta T)f_2(k\Delta T-n\Delta T)\Delta T=\sum_{n=-\infty}^{\infty}f_1(n\Delta T)f_2\left[(k-n)\Delta T\right]\Delta T$$

式中，n 和 k 都是整数。

当 ΔT 足够小时，$y(k\Delta T)$ 就是连续时间信号的卷积 $y(t)$ 很好的近似值，即

$$y(k\Delta T)=\sum_{n=-\infty}^{\infty}f_1(n\Delta T)f\left[(k-n)\Delta T\right]\Delta T$$

在 MATLAB 中，定义了函数 conv()用来计算两个信号(序列)的线性卷积的数值解，其调用格式为：f=conv(f1，f2)，其中 f1 和 f2 分别表示两个作卷积运算的信号，f 为卷积运算的结果，它们均为有限长度的序列向量。

需要特别注意，假设 T 表示时间变化步长(取样间隔)，在用函数 conv 作两个连续时间信号的卷积积分时，应该在这个函数之前乘以时间步长才能得到正确的结果，即 f = T*conv(f1，f2)。

此外，conv 函数只给出卷积结果(纵坐标)的结果大小，而不能给出卷积的横

坐标。对于定义在不同时间段的两个时限信号 $f_1(t)$（$t_1 < t < t_2$）和 $f_2(t)$（$t_3 < t < t_4$）。则它们的卷积结果 $f(t)$ 的持续时间范围要比 $f_1(t)$ 或 $f_2(t)$ 长，其时间范围为 $t_1 + t_2 \leqslant t \leqslant t_3 + t_4$。利用这个特点，可以将卷积的结果与时间轴的位置一一对应起来。

例 1-4-1　求图 1-4-1 所示信号 $f_1(t)$ 和信号 $f_2(t)$ 的卷积积分 $f(t) = f_1(t) * f_2(t)$。

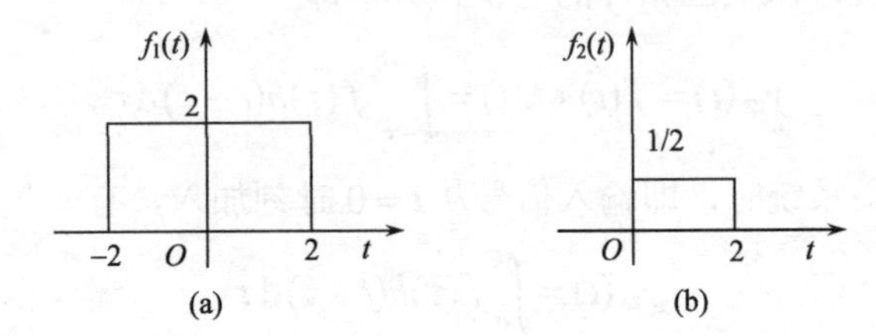

图 1-4-1　例 1-4-1 题图

解　自定义卷积函数 conv_signal：

```
function [f,tf]=conv_signal(f1,t1,f2,t2)
%输入参数：f1和f2分别表示两个信号的序列，t1和t2分别表示它们的取样时间
%返回值：f表示卷积信号的序列，tf表示卷积信号的取样时间
  tf1=t1(1)+t2(1);          %两个序列起点之和
  tf2=t1(end)+t2(end);      %两个序列终点之和
  f=conv(f1,f2);            %调用卷积函数
  tf=[tf1:tf2];
```

MATLAB 源程序为

```
clear all; close all; clc;
T=0.01;
t1=-3:T:3;
t2=-1:T:3;
f1=2*rectpuls(t1,4);                    %信号1
f2=1/2*rectpuls(t2-1,2);                %信号2
[f,tf]=conv_signal(f1,t1,f2,t2);        %调用自定义函数
f=f*T;
tf=(min(t1)+min(t2)):T:(max(t1)+max(t2));
figure(1);
plot(t1,f1,'-k','linewidth',2);
axis([min(t1),max(t1),min(f1)-0.2,max(f1)+0.2]);
xlabel('t');
ylabel('f_1(t)');
```

```
title('信号f_1(t)');
figure(2);
plot(t2,f2,'-k','linewidth',2);
axis([min(t2),max(t2),min(f2)-0.2,max(f2)+0.2]);
xlabel('t');
ylabel('f_2(t)');
title('信号f_2(t)');
figure(3);
plot(tf,f,'-k','linewidth',2);
axis([min(tf),max(tf),min(f)-0.2,max(f)+0.2]);
xlabel('t');
ylabel('f(t)');
title('卷积信号f(t)');
```

程序运行后，仿真绘制的卷积积分的结果如图 1-4-2 所示。

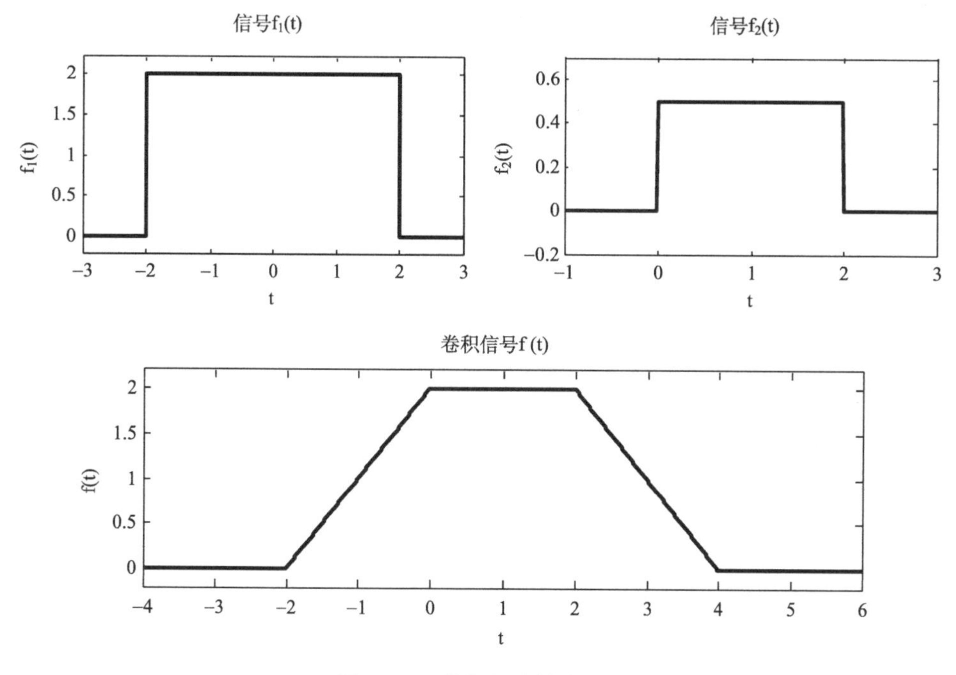

图 1-4-2　卷积积分的波形图

三、实验内容

1. 在 MATLAB 中运行实验原理中所有例题源程序，调试验证仿真结果。
2. 求下列函数的卷积积分。

(1) $f_1(t)=t\varepsilon(t)$， $f_2(t)=\varepsilon(t)$；

(2) $f_1(t)=\mathrm{e}^{-2t}\,\varepsilon(t-1)$， $f_2(t)=\varepsilon(t+3)$；

(3) $f_1(t)=t\varepsilon(t+1)$， $f_2(t)=(t+1)\varepsilon(t)$；

(4) $f_1(t)=\mathrm{e}^{-2t}\,\varepsilon(t)$， $f_2(t)=\mathrm{e}^{-3t}\,\varepsilon(t)$。

3. 请用 MATLAB 编程仿真完成下题，已知某线性时不变系统的冲激响应为 $h(t)=\dfrac{t}{2}\,(0<t<4)$，该系统激励信号为 $f(t)=\varepsilon(t+1)-\varepsilon(t-3)$，则：

(1) 求输出信号 $y(t)$，绘出激励、冲激响应和响应的波形图。

(2) 利用定义求出卷积积分的具体数学表达式。

(3) 比较时间取样间隔取不同值时卷积的数值近似结果，并与理论计算结果对比分析。

(4) 如果信号 $h(t)$ 和 $f(t)$ 不是时限的，相当长，甚至是无限长。利用上述方法会遇到什么样的问题？如何解决？请举例说明。

四、实验报告要求

1. 阐述实验目的和实验基本原理。

2. 用 MATLAB 仿真绘制实验中的卷积积分的题目，并与定义式求解的表达式进行对比验证。

3. 根据实验内容，总结归纳用 MATLAB 计算卷积积分的基本过程。

4. 总结实验过程中的主要收获以及心得体会。

五、思考题

1. 卷积积分的物理意义是什么？

2. 卷积积分的性质有哪些？

3. 如何利用卷积积分求解系统的零状态响应？

4. 对于两个矩形函数的卷积积分结果有何特性？如何快速求得？

第二章　离散时间信号与系统的时域分析

2.1　离散时间信号的典型示例实验

一、实验目的

1. 掌握用 MATLAB 绘制离散时间信号(序列)波形图的基本方法。
2. 掌握用 MATLAB 表示常用的离散时间信号(序列)。
3. 通过对离散信号波形的绘制与观察，加深理解离散时间信号的基本特性。

二、实验原理

离散时间信号(也称为离散序列)是指在时间上的取值是离散的，只在一些离散的瞬间才有定义的，而在其他时间没有定义，简称离散信号(也称为离散序列)。序列的离散时间间隔是等间隔(均匀)的，取时间间隔为T，以$f(kT)$表示该离散序列，k为整数($k=0$，±1，$\pm2,\cdots$)。为了简便，取$T=1$，则$f(kT)$简记为$f(k)$，k表示各函数值在序列中出现的序号。序列$f(k)$的数学表达式可以写成闭合形式，也可逐一列出$f(k)$的值。通常，把对应某序号k_0的序列值称为序列的第k_0个样点的“样点值”。

1. 单位样值信号

单位样值信号(单位样值序列)也称为单位取样序列或单位脉冲序列，是离散时间系统分析中最简单也是最重要的序列之一，其函数的表达式为

$$\delta(k)=\begin{cases}1, & k=0\\ 0, & k\neq 0\end{cases}$$

它只在$k=0$处取值为 1，而其余各点处的取值均为 0。

单位样值信号移位或移序k_0个单位，则函数表达式为

$$\delta(k-k_0)=\begin{cases}1, & k=k_0\\ 0, & k\neq k_0\end{cases}$$

例 2-1-1　绘制信号$f_1(k)=\delta(k)$和$f_2(k)=\delta(k-2)$的波形。

绘制上述序列的 MATLAB 源程序为

```
clear all; close all; clc;
```

```
k1=-4;k2=4;k=k1:k2;
n1=0;n2=2;
f1=[(k-n1)==0];
f2=[(k-n2)==0];
subplot(1,2,1);
stem(k,f1,'fill','-k','linewidth',2);
xlabel('k');
ylabel('f_1(k)');
title('δ(k)');
axis([k1,k2,-0.1,1.1]);
subplot(1,2,2);
stem(k,f2,'filled','-k','linewidth',2);
xlabel('k');
ylabel('f_2(k)');
title('δ(k-2)');
axis([k1,k2,-0.1,1.1]);
```

程序运行后，仿真绘制的序列的波形如图 2-1-1 所示。

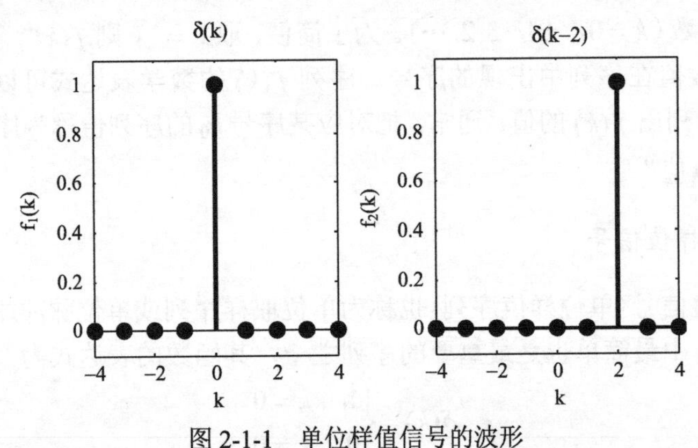

图 2-1-1　单位样值信号的波形

2. 单位阶跃序列

单位阶跃序列的函数表达式为

$$\varepsilon(k)=\begin{cases}1, & k\geqslant 0\\ 0, & k<0\end{cases}$$

单位阶跃序列移位或移序 k_0 个单位，其函数表达式为

$$\varepsilon(k-k_0)=\begin{cases}1, & k\geqslant k_0\\ 0, & k<k_0\end{cases}$$

例 2-1-2　绘制直流信号 $f_1(k)=\varepsilon(k)$ 和 $f_2(k)=\varepsilon(k-2)$ 的波形。

绘制上述序列的 MATLAB 源程序为

```
clear all; close all; clc;
k1=-2;k2=8;k=k1:k2;
n1=0;n2=2;              %阶跃序列开始出现的位置
f1=[(k-n1)>=0];
f2=[(k-n2)>=0];
subplot(1,2,1);
stem(k,f1,'fill','-k','linewidth',2);
xlabel('k');
ylabel('f_1(k)');
title('ε(k)');
axis([k1,k2+0.2,-0.1,1.1]);
subplot(1,2,2);
stem(k,f2,'filled','-k','linewidth',2);
xlabel('k');
ylabel('f_2(k)');
title('ε(k-2)');
axis([k1,k2+0.2,-0.1,1.1]);
```

程序运行后，仿真绘制的序列的波形如图 2-1-2 所示。

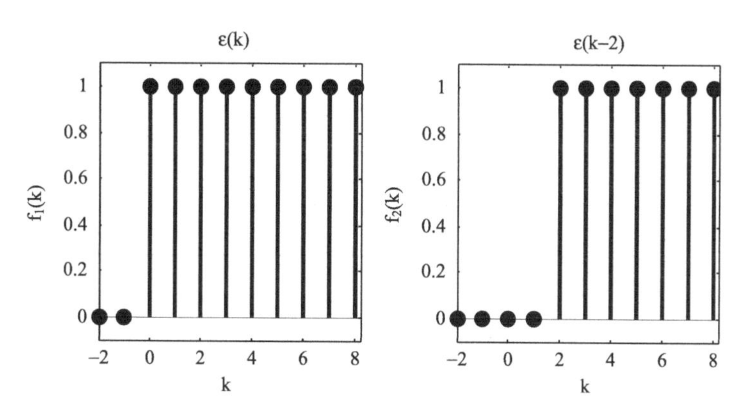

图 2-1-2　单位阶跃序列的波形

3. 矩形脉冲序列

矩形脉冲序列的函数表达式为

$$G_K(k)=\begin{cases}1, & 0\leqslant k\leqslant K-1\\ 0, & k<0,\ k\geqslant K\end{cases}$$

$$G_K(k)=\varepsilon(k)-\varepsilon(k-K)$$

例 2-1-3　绘制信号 $f(k)=G_6(k)$ 的波形。

绘制上述序列的 MATLAB 源程序为

```
clear all; close all; clc;
k1=-2;k2=7;k=k1:k2;    %建立时间序列
n1=0;n2=6;
f1=[(k-n1)>=0];
f2=[(k-n2)>=0];
f=f1-f2;
stem(k,f,'fill','-k','linewidth',2);
xlabel('k');
ylabel('f(k)');
title('G_6(k)');
axis([k1,k2,-0.1,1.1]);
```

程序运行后，仿真绘制的序列的波形如图 2-1-3 所示。

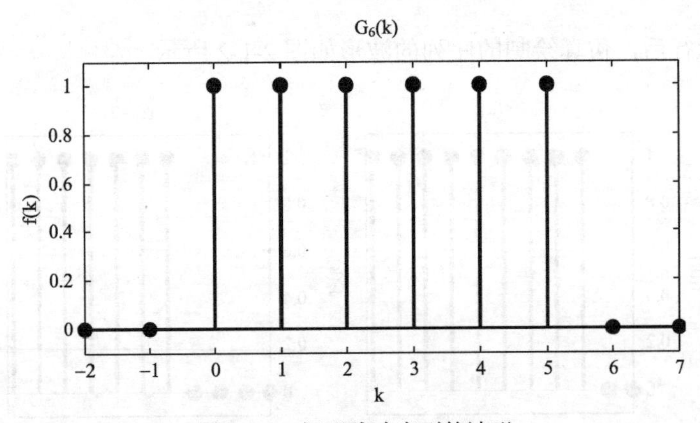

图 2-1-3　矩形脉冲序列的波形

4. 斜变序列

单位斜变序列的函数表达式为

$$f(k)=k\varepsilon(k)$$

例 2-1-4　绘制信号 $f(k)=k\varepsilon(k)$ 的波形。

绘制上述序列的 MATLAB 源程序为

```
clear all; close all; clc;
k1=-4;k2=10;k=k1:k2; k0=0;
if k0>=k2
    f=zeros(1,length(k));
elseif (k0<k2)&(k0>k1)
    f=[zeros(1,k0-k1),[0:k2-k0]];
else
    f=(k1-k0)+[0:k2-k1];
end
stem(k,f,'fill','-k','linewidth',2);
xlabel('k');
ylabel('f(k)');
axis([k1,k2+0.2,-0.3,k2+0.3]);
```

程序运行后，仿真绘制的序列的波形如图 2-1-4 所示。

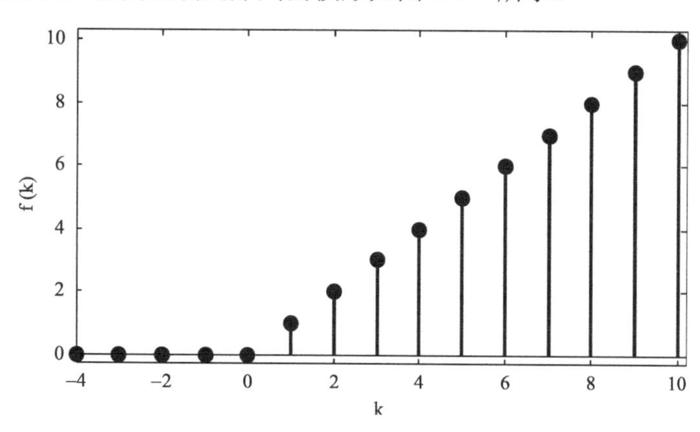

图 2-1-4　斜变序列的波形图

5. 指数序列

指数序列的函数表达式为

$$f(k)=a^k\varepsilon(k)$$

当 $|a|>1$ 时指数序列是发散的，$|a|<1$ 时指数序列收敛，$a>0$ 指数序列的取值都为正值，$a<0$ 指数序列的取值在正、负摆动。

例 2-1-5　绘制信号 $f(k)=a^k\varepsilon(k)$（a 分别为 0.7，–0.7，1.3，–1.3）的波形。

绘制上述序列的 MATLAB 源程序为

```
clear all; close all; clc;
k1=-2;k2=6;k=k1:k2;
a1=0.7;a2=-0.7;a3=1.3;a4=-1.3;
```

```
f1=a1.^k;
f2=a2.^k;
f3=a3.^k;
f4=a4.^k;
subplot(2,2,1);
stem(k,f1,'fill','-k','linewidth',2);
xlabel('k');
ylabel('f_1(k)');
title('a=0.7');
subplot(2,2,2);
stem(k,f2,'filled','-k','linewidth',2);
xlabel('k');
ylabel('f_2(k)');
title('a=-0.7');
subplot(2,2,3);
stem(k,f3,'filled','-k','linewidth',2);
xlabel('k');
ylabel('f_3(k)');
title('a=1.3');
subplot(2,2,4);
stem(k,f4,'filled','-k','linewidth',2);
xlabel('k');
ylabel('f_4(k)');
title('a=-1.3');
```

程序运行后，仿真绘制的序列的波形如图 2-1-5 所示。

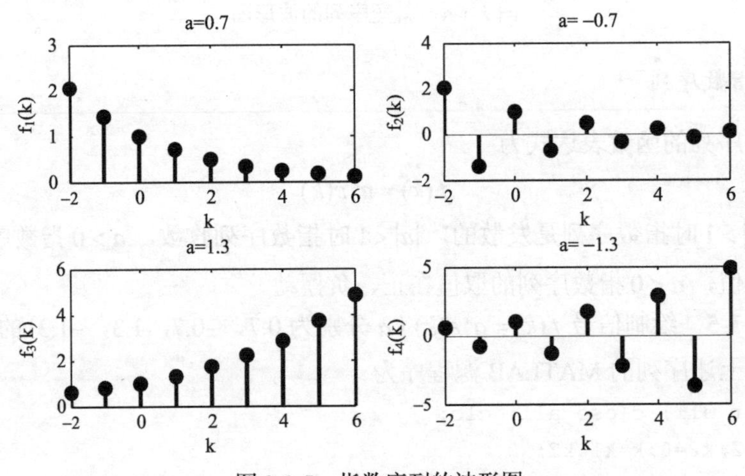

图 2-1-5　指数序列的波形图

6. 正弦序列(余弦序列)

正弦序列(余弦序列)的函数表达式为

$$f(k)=\sin(\omega k+\varphi) \text{ 或 } f(k)=\cos(\omega k+\varphi)$$

式中，ω称为正弦序列的角频率，单位为rad，它反映了序列值依次周期性重复的速率。例如，若$\omega=\frac{2\pi}{10}$，则序列值每10个重复一次正弦包络的数值；若$\omega=\frac{2\pi}{20}$，则序列值每20个重复一次正弦包络的数值。因此，仅当$\frac{2\pi}{\omega}$为整数时，正弦序列才具有周期$T=\frac{2\pi}{\omega}$，若$\frac{2\pi}{\omega}$不是整数，而为有理数(假设$\frac{2\pi}{\omega}=\frac{M}{N}$，$M$和$N$均为无公因子的整数)，则正弦序列还是周期的，其周期为$T=M=N\frac{2\pi}{\omega}$；而当$\frac{2\pi}{\omega}$为无理数时，该序列不具有周期性，但其样值的包络线仍为正弦函数。无论正弦序列是否呈周期性，都称ω为它的频率。

例 2-1-6　绘制信号$f_1(k)=\sin(\pi k/5)$和$f_2(k)=\sin(4k)$波形。

绘制上述序列的MATLAB源程序为

```
clear all; close all; clc;
k1=-20;k2=20;k=k1:k2;n1=0;n2=2;
f1=sin(k*pi/5);
f2=sin(k*4);
subplot(2,1,1);
stem(k,f1,'fill','-k','linewidth',2);
xlabel('k');
ylabel('f_1(k)');
title('ω=π/5');
axis([k1,k2+0.2,-1.1,1.1]);
subplot(2,1,2);
stem(k,f2,'filled','-k','linewidth',2);
xlabel('k');
ylabel('f_2(k)');
title('ω=4');
axis([k1,k2+0.2,-1.1,1.1]);
```

程序运行后，仿真绘制的序列的波形如图2-1-6所示。

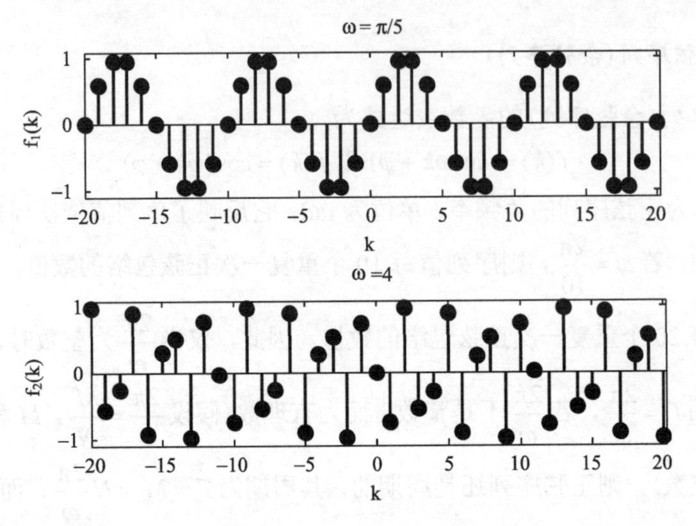

图 2-1-6　正弦序列的波形

7. 复指数序列

离散序列的取值也可以为复数值，此时称为复序列，它的每个序列值都为复数，分为实部和虚部。复指数序列是最常见的复序列，其函数表达式为

$$f(k) = \mathrm{e}^{\mathrm{j}\omega k} = \cos(\omega k) + \mathrm{j}\sin(\omega k)$$

复序列也可用指数函数形式来表示：

$$f(k) = |f(k)|\mathrm{e}^{\mathrm{j}\arg[f(k)]}$$

例 2-1-7　绘制 $f(k) = 2\mathrm{e}^{(-0.05+0.3\mathrm{j})k}$ 信号的波形。

绘制上述序列的 MATLAB 源程序为

```
clear all; close all; clc;
k1=-10;k2=50;k=k1:k2;
A=2;a=-0.05+0.3*i;
f=A*exp(a*k);
subplot(2,1,1);
stem(k,real(f),'fill','-k','linewidth',2);
xlabel('k');
ylabel('Re[f(k)]');
title('复序列的实部');
subplot(2,1,2);
stem(k,imag(f),'fill','-k','linewidth',2);
xlabel('k');
```

```
ylabel('Im[f(k)]');
title('复序列的虚部');
```

程序运行后，仿真绘制的序列的波形如图 2-1-7 所示。

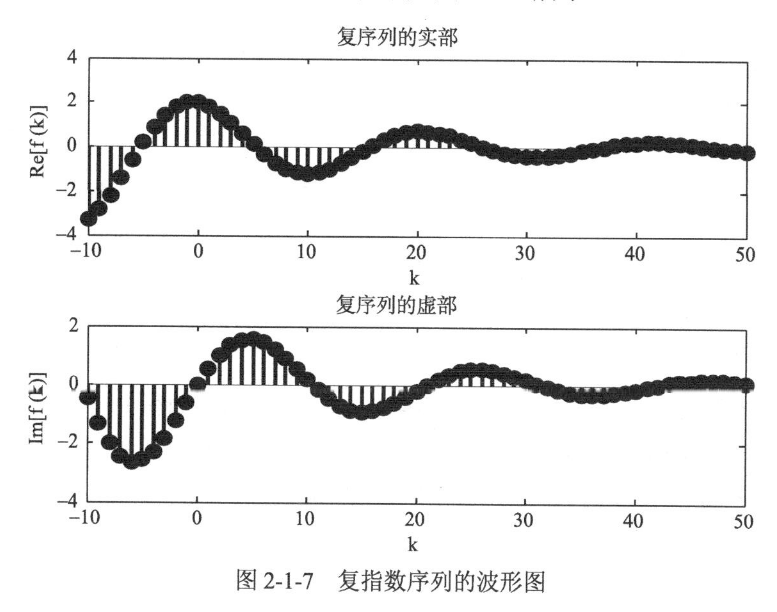

图 2-1-7　复指数序列的波形图

三、实验内容

1. 在 MATLAB 运行实验原理中所有典型的离散时间信号的源程序，调试验证仿真波形，深刻理解和掌握各序列产生的方法，以及涉及的 MATLAB 中的一些主要子函数的调用格式。

2. 编写程序产生以下序列(长度也可自行确定)，并绘出其图形。

(1) $f(k)=\left(\dfrac{1}{2}\right)^k \varepsilon(k)$；　　(2) $f(k)=\left(-\dfrac{1}{2}\right)^k \varepsilon(k)$；

(3) $f(k)=2^k \varepsilon(k)$；　　(4) $f(k)=(-2)^k \varepsilon(k)$；

(5) $f(k)=(2)^{k-1} \varepsilon(k-1)$；　　(6) $f(k)=\left(\dfrac{1}{2}\right)^{k-1} \varepsilon(k)$。

四、实验报告要求

1. 阐述实验目的和实验基本原理。
2. 通过对验证性实验的练习，验证实验原理中例题的程序，比较仿真结果。
3. 根据信号的函数表达式编写 MATLAB 程序，运行实现仿真各种波形图。

4. 总结实验过程中的主要收获以及心得体会。

五、思考题

1. 典型的离散时间信号分别具有什么特性？

2. 单位样值信号与单位阶跃序列的物理意义是什么？与单位冲激信号和单位阶跃信号有什么区别？

3. 矩形脉冲序列有哪些表示方法？

4. 与常用的连续时间信号相比，离散时间信号与它们有哪些共性和不同？

2.2 离散时间信号的基本运算实验

一、实验目的

1. 掌握离散时间信号时域的基本运算(相加、相乘、微积分等)。

2. 掌握离散时间信号时域变换(移位、反褶、尺度变换、倒相、倍乘等)。

3. 掌握用 MATLAB 仿真离散时间信号时域的运算和变换的方法。

4. 仿真验证离散序列基本运算的结果，为信号分析与处理奠定基础。

二、实验原理

与连续时间信号一样，离散时间信号也存在时域的运算以及时域变换(自变量变换)。离散时间信号的时域运算主要包括相加、相乘；离散时间信号的时域变换主要包括移位(延时、移序、或时移)、反褶(反转或反折)、尺度变换(包括压缩与展宽)、倒相以及它们的结合变换。本实验主要通过 MATLAB 仿真实现以上运算，使能够更加直观地观察在离散序列的运算过程中信号表达式的变化对应的具体波形的变化情况，并了解与连续时间信号运算的不同，进而熟悉这些运算的物理意义。

1. 序列的相加与相乘

序列 $f_1(k)$ 与序列 $f_2(k)$ 的相加运算是指这两个序列在同一时刻所对应的样点值之和构成的“和序列 $f(k)$”，即

$$f(k)=f_1(k)+f_2(k)$$

序列 $f_1(k)$ 与序列 $f_2(k)$ 的相乘运算是指这两个序列在同一时刻所对应的样点值之积构成的“积序列 $f(k)$”，即

$$f(k)=f_1(k)\cdot f_2(k)$$

在 MATLAB 中，参与相加或相乘运算的两个基本的离散序列是以向量形式

表示的，分别使用运算符“+”和“.*”实现运算。需要注意的是，在进行相加或相乘运算时，两个序列的长度以及时间区间必须完全相同。

例 2-2-1 已知序列 $f_1(k)=\{2,\ \underset{\underset{k=0}{\uparrow}}{-1},\ 3,\ 2,\ -4\}$，$f_2(k)=\{\underset{\underset{k=0}{\uparrow}}{1},\ 2,\ 3,\ 4\ \ 5\}$，求 $y_1(k)=f_1(k)+f_2(k)$ 以及 $y_2(k)=f_1(k)\cdot f_2(k)$。

上述序列相加、相乘的 MATLAB 源程序为

```
clear all; close all; clc;
k1=-1:3; k2=0:4;
f1=[1 -1 1 1 -1];
f2=[1 2 3 4 5];
k=-1:4;
f10=[f1 zeros(1,6-length(f1))];    %对序列1进行右侧补零
f20=[zeros(1,6-length(f2)) f2];    %对序列1进行左侧补零
y1=f10+f20;                        %序列相加运算
y2=f10.*f20;                       %序列相乘运算
subplot(2,2,1);
stem(k,f10,'fill','-k','linewidth',2);   %绘制序列1波形
xlabel('k');ylabel('f_1(k)');title('序列f_1(k)');
axis([-1.5,4.5,-1,1]);
subplot(2,2,2);
stem(k,f20,'fill','-k','linewidth',2);   %绘制序列2波形
xlabel('k');ylabel('f_2(k)');title('序列f_2(k)');
axis([-1.5,4.5,-1,5]);
subplot(2,2,3);
stem(k,y1,'fill','-k','linewidth',2);    %绘制和序列波形
xlabel('k');ylabel('y_1(k)');title('和序列y_1(k)');
axis([-1.5,4.5,-1,5]);
subplot(2,2,4);
stem(k,y2,'fill','-k','linewidth',2);    %绘制积序列波形
xlabel('k');ylabel('y_1(k)');title('积序列y_2(k)');
axis([-1.5,4.5,-4,3]);
```

程序运行后，仿真的信号波形如图 2-2-1 所示。

例 2-2-2 已知正弦序列 $f_1(k)=\sin(0.2\pi k)$，$f_2(k)=\sin(0.03\pi k)$，求 $y_1(k)=f_1(k)+f_2(k)$ 以及 $y_2(k)=f_1(k)\cdot f_2(k)$。

上述序列相加、相乘的 MATLAB 源程序为

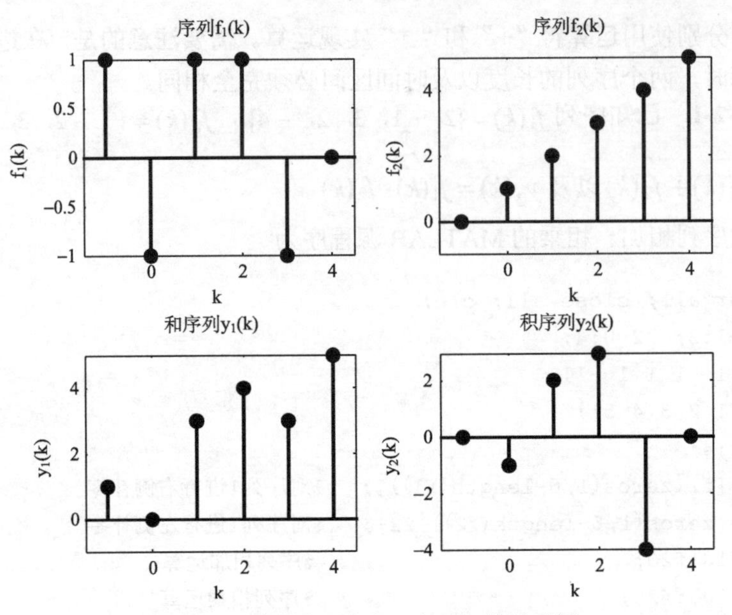

图 2-2-1　离散序列相加、相乘运算波形图

```
clear all; close all; clc;
k=-10:10;
f1=sin(0.2*pi*k);
f2=sin(0.05*pi*k);
y1=f1+f2;                        %序列相加运算
y2=f1.*f2;                       %序列相乘运算
subplot(2,2,1);
stem(k,f1,'fill','-k','linewidth',2);
xlabel('k');
ylabel('f_1(k)');
title('序列f_1(k)');
subplot(2,2,2);
stem(k,f2,'fill','-k','linewidth',2);
xlabel('k');
ylabel('f_2(k)');
title('序列f_2(k)');
subplot(2,2,3);
stem(k,y1,'fill','-k','linewidth',2);
xlabel('k');
ylabel('y_1(k)');
title('和序列y_1(k)');
subplot(2,2,4);
```

```
stem(k,y2,'fill','-k','linewidth',2);
xlabel('k');
ylabel('y_1(k)');
title('积序列y_2(k)');
```

程序运行后，仿真的信号波形如图 2-2-2 所示。

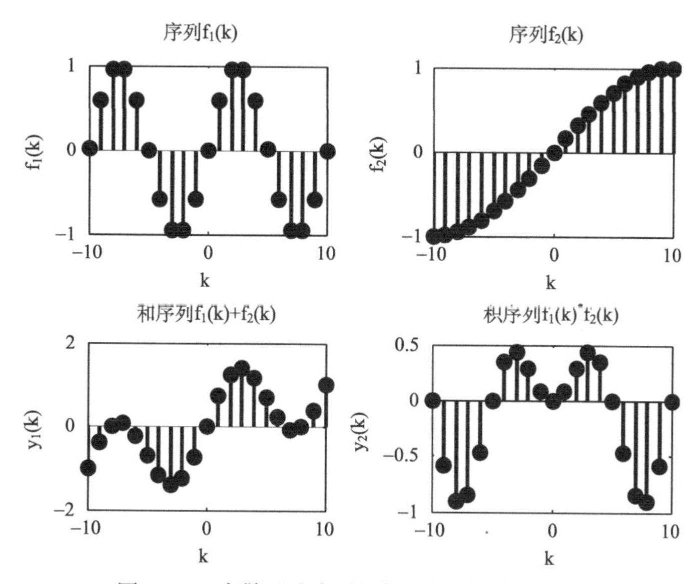

图 2-2-2　离散正弦序列相加、相乘运算波形图

2. 序列的时域的变换

序列的时域的变换主要包括移位、反褶、尺度变换、标量乘法与倒相等。序列的移位、反褶与尺度变换等运算，实际上是对信号函数的自变量的运算。

1）移位

移位也称为延时或时移。对于序列 $f(k)$，若将自变量 k 用 $k\pm k_0$ 来代替，则 $f(k\pm k_0)$ 相当于 $f(k)$ 的在 k 轴上的整体平移。假设 $k_0>0$，序列 $f(k+k_0)$ 是序列 $f(k)$ 沿 k 轴负方向平移(左移) k_0 个单位；信号 $f(k-k_0)$ 是序列 $f(k)$ 沿 k 轴正方向平移(右移) k_0 个单位。

在 MATLAB 中，序列 $f(k)$ 的移位为 $f(k+k_0)$ 或 $f(k-k_0)$（k_0 为位移量），即函数的自变量加或减一个常数，可以使用运算符“+”或“−”来实现。

例6-3　已知序列 $f(k)=\{\underset{\underset{k=0}{\uparrow}}{1},\ 2,\ 3,\ 4\ \ 5\}$，求 $f_1(k)=f(k+1)$ 以及 $f_2(k)=f(k-1)$。

上述序列移位的 MATLAB 源程序为

```
clear all; close all; clc;
k=0:4;
k1=k-1;
k2=k+1;
f=[1 2 3 4 5];
subplot(3,1,1);
stem(k,f,'fill','-k','linewidth',2);
xlabel('k');
ylabel('f(k)');
title('序列f(k)');
axis([-2,6,0,5]);
subplot(3,1,2);
stem(k1,f,'fill','-k','linewidth',2);
xlabel('k');
ylabel('f_1(k)');
title('序列f(k+1)');
axis([-2,6,0,5]);
subplot(3,1,3);
stem(k2,f,'fill','-k','linewidth',2);
xlabel('k');
ylabel('f_2(k)');
title('序列f(k-1)');
axis([-2,6,0,5]);
```

程序运行后，仿真的信号波形如图 2-2-3 所示。

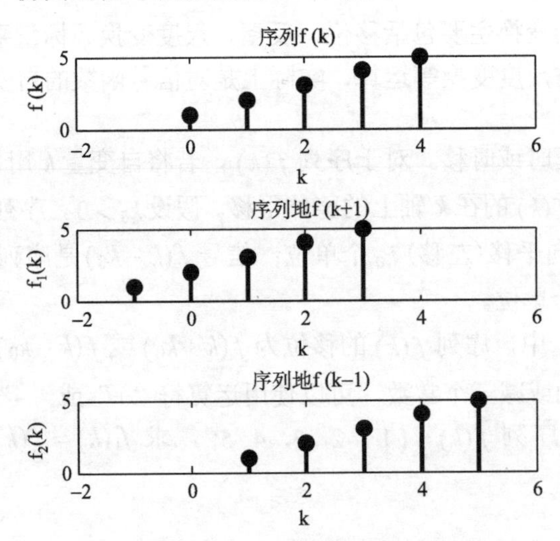

图 2-2-3 离散序列移位运算的波形图

2）反褶

反褶也称为反转或反折。将序列 $f(k)$ 中的自变量 k 替换为 $-k$，其几何意义是将信号 $f(k)$ 以 $k=0$（纵坐标）为轴反褶过来，该运算也称为时间轴反转。

在 MATLAB 中，序列 $f(k)$ 的反褶表示为 $y(k)=f(-k)$，函数的自变量乘以一个负号，也可以直接写出。

例 2-2-4　已知序列 $f(k)=\{\underset{\substack{\uparrow \\ k=0}}{1}, 2, 3, 4\ 5\}$，求 $f_1(k)=f(-k)$。

上述序列移位的 MATLAB 源程序为

```
clear all; close all; clc;
k=0:4;
f=[1 2 3 4 5];
subplot(1,2,1),
stem(k,f,'fill','-k','linewidth',2);
xlabel('k');
ylabel('f(k)');
title('序列f(k)');
axis([-1,5,0,5.2]);
subplot(1,2,2),
stem(-k,f,'fill','-k','linewidth',2);
xlabel('k');
ylabel('f_1(k)');
title('序列f(-k)');
axis([-5,1,0,5.2]);
```

程序运行后，仿真的信号波形如图 2-2-4 所示。

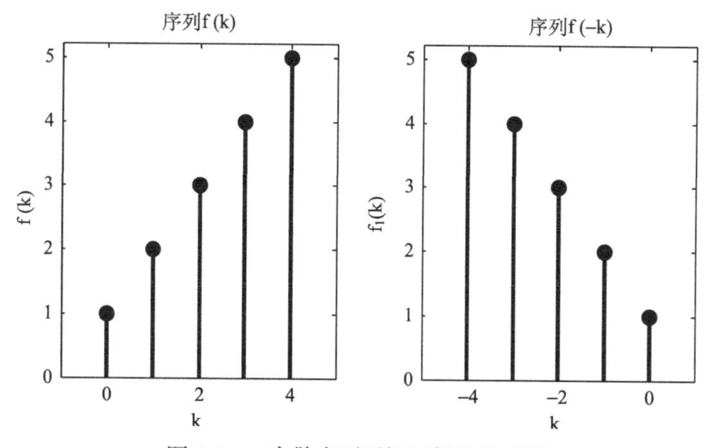

图 2-2-4　离散序列反褶运算的波形图

3）尺度变换

尺度变换也称为横坐标展缩。对于序列 $f(k)$，用变量 ak（a 为正整数）来替换自变量 k，得到序列 $f(ak)$，$f(ak)$ 表示将原序列 $f(k)$ 每隔 a 点取一个点，相当于时间轴 k 压缩了 a 倍；对于序列 $f(k)$，用变量 k/a（a 为正整数）来替换自变量 k，得到序列 $f(k/a)$，$f(k/a)$ 表示将原序列 $f(k)$ 作 a 倍的插值，相当于时间轴 k 扩展了 a 倍。

在 MATLAB 中，序列 $f(k)$ 在时域的尺度变换为 $f(ak)$ 或 $f(k/a)$，即函数自变量乘以或除以一个常数，可以用算术运算符“*”或“/”来实现。

例 2-2-5　已知正弦序列 $f(k)=\sin(0.2\pi k)$，求 $f(2k)$ 和 $f(k/2)$ 序列的波形。

上述序列尺度变换的 MATLAB 源程序为

```
clear all; close all; clc;
k=-20:20;
f=sin(0.2*pi*k);
f1=sin(0.2*pi*k*2);
f2=sin(0.2*pi*k/2);
subplot(3,1,1);
stem(k,f,'fill','-k','linewidth',2);
xlabel('k');
ylabel('f(k)');
title('序列f(k)');
subplot(3,1,2);
stem(k,f1,'fill','-k','linewidth',2);
xlabel('k');
ylabel('f(2k)');
title('序列f(2k)');
subplot(3,1,3);
stem(k,f2,'fill','-k','linewidth',2);
xlabel('k');
ylabel('f(k/2)');
title('序列f(k/2)');
```

程序运行后，仿真的信号波形如图 2-2-5 所示。

三、实验内容

1. 在 MATLAB 中运行各例题的程序，进一步理解序列时域运算的特性。
2. 编写程序产生以下信号(长度也可自行确定)，并绘出其图形。

(1) $f(k)=\delta(k+2)-2\delta(k-1)$，$-5\leqslant k\leqslant 5$；

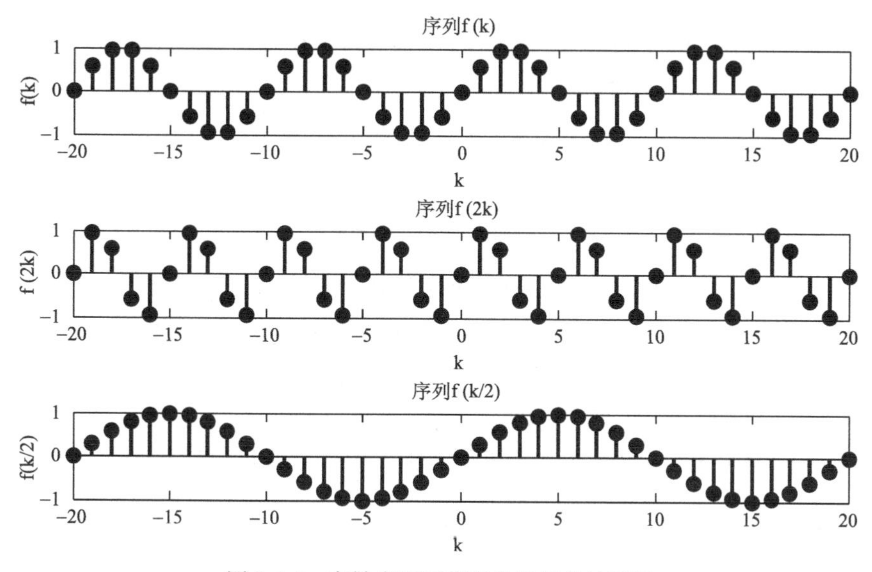

图 2-2-5　离散序列尺度变换运算的波形图

(2) $f(k)=\varepsilon(k+1)-\varepsilon(k-5)$，$-2\leqslant k\leqslant 8$；

(3) $f(k)=2\sin(0.04\pi k+\pi/3)$，$0\leqslant k\leqslant 50$；

(4) $f(k)=0.4^{k}$，$0\leqslant k\leqslant 8$；

(5) $f(k)=\mathrm{e}^{(-0.2+\mathrm{j}0.5)k}$，$-15\leqslant k\leqslant 15$。

3. 信号的波形如图 2-2-6 所示，画出下列各序列的波形。

(1) $f(k+1)$；

(2) $f(k+1)\varepsilon(-k-1)$；

(3) $f(-k+1)$；

(4) $f(-k+2)\varepsilon(k-1)$。

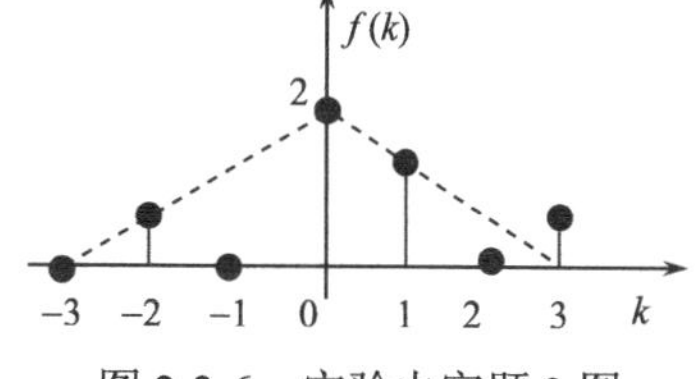

图 2-2-6　实验内容题 3 图

四、实验报告要求

1. 阐述实验目的和实验基本原理。
2. 通过对验证性实验的练习，验证实验原理中例题的程序，比较仿真结果。
3. 根据序列的函数表达式编写 MATLAB 程序，运行实现仿真各种波形图。
4. 总结实验过程中的主要收获以及心得体会。

五、思考题

1. 比较离散时间序列与连续时间信号在时域的基本运算。
2. 比较离散时间序列与连续时间信号在时域的基本变换。

3. 进行离散时间序列的尺度变换运算时应特别注意什么？

2.3　离散时间系统的时域分析实验

一、实验目的

1. 掌握离散时间系统的差分方程描述及迭代法求解差分方程。
2. 掌握离散系统的单位样值响应和单位阶跃响应，掌握卷积和的概念及计算。
3. 掌握离散系统零输入响应和零状态响应的求解方法。
4. 利用 MATLAB 仿真实现以上运算。
5. 掌握 MATLAB 实现离散卷积和运算的解析方法和数值方法。

二、实验原理

1. 离散时间系统的数学模型

对于一个线性时不变离散时间系统来说，用常系数线性差分方程描述系统数学模型。设系统的激励为 $f(k)$，全响应为 $y(k)$，那么，描述系统的 n 阶常系数线性差分方程可以写为

$$y(k)+a_{n-1}y(k-1)+\cdots+a_1y(k-n+1)+a_0y(k-n)$$
$$=b_mf(k)+b_{m-1}f(k-1)+\cdots+b_1f(k-m+1)+b_0f(k-m)$$

或简写为

$$\sum_{j=0}^{n}a_{n-j}y(k-j)=\sum_{i=0}^{m}b_{m-i}f(k-i)$$

式中，$a_{n-j}(j=0,\ 1,\ \cdots,\ n)$ 和 $b_{m-i}(i=0,\ 1,\ \cdots,\ m)$ 均为常数，$a_n=1$。与微分方程的经典解类似，该差分方程的全解由齐次解 $y_{\mathrm{h}}(k)$ 和特解 $y_{\mathrm{p}}(k)$ 组成，即

$$y(k)=y_{\mathrm{h}}(k)+y_{\mathrm{p}}(k)=\sum_{j=1}^{n}C_j\lambda_j^k+y_{\mathrm{p}}(k)$$

式中，系数 C_j 由系统的初始条件确定。

对差分方程来说，可以直接利用递归的方法来求解。将 n 阶差分方程改写为

$$y(k)=-\sum_{j=1}^{n}a_{n-j}y(k-j)+\sum_{i=0}^{m}b_{m-i}f(k-i)$$

可以看出，输出的下一个值是前 n 个输出值和 $m+1$ 个输入值的线性组合。例如，$y(0)$ 是 $y(-1)$，$y(-2)$，…，$y(-n)$ 和 $f(0)$，$f(-1)$，…，$f(-m)$ 的线性组合。以此类推，通过反复递归迭代，就可以求出任意时刻的响应值。在用 MATLAB 实

现递归迭代时，把系数 $a_{n-j}(j=0,1,\cdots,n)$ 和 $b_{m-i}(i=0,1,\cdots,m)$ 存在向量 $a=\begin{bmatrix}a_n & a_{n-1} & \cdots & a_1\end{bmatrix}$ 和 $b=\begin{bmatrix}b_m & b_{m-1} & \cdots b_1 & b_0\end{bmatrix}$ 中；输入(激励)信号 $f(k)$ 存在向量 f 中；输入 $f(k)$ 初始值和输出 $y(k)$ 初始值存在向量 $f_0=[f(k_0-m)\ \ f(k_0-m+1)\ \cdots\ f(k_0-1)]$ 和 $y_0=\begin{bmatrix}y(k_0-n) & y(k_0-n+1) & \cdots & y(k_0-1)\end{bmatrix}$ 中；计算需要迭代的时间向量用 k 表示，这里 k_0 表示向量 k 的第一个元素，如果迭代从 $k=0$ 开始，那么 $k_0=0$；迭代输出的值保存在向量 y 中。迭代时间可以从任意时间开始。

求和计算写成矩阵的形式为

$$\sum_{j=1}^{n}a_{n-j}y(k-j)=\begin{bmatrix}a_1a_2\cdots a_n\end{bmatrix}\begin{bmatrix}y(k-1)\\ y(k-2)\\ \vdots\\ y(k-n)\end{bmatrix}$$

$$\sum_{i=0}^{m}b_{m-i}f(k-i)=\begin{bmatrix}b_1b_2\cdots b_m\end{bmatrix}\begin{bmatrix}f(k-1)\\ f(k-2)\\ \vdots\\ f(k-m)\end{bmatrix}$$

基于以上分析，用 MATLAB 编写递归迭代计算差分方程的函数为

```
function y=recur(a,b,k,f,f0,y0)
%recur是用递归迭代法计算差分方程的解
% a是差分方程的左边出来第一项外的系数
% b是差分方程右边的系数
% k是计算的样点数
% f是输入信号
% f0是输入信号的初始值
% y0是系统的初始值
n=length(a);
m=length(b)-1;
y=[y0 zeros(1,length(k))];
f=[f0 f];
a1=a(n:-1:1);            %a的元素反转
b1=b(m+1:-1:1);          %b的元素反转
for i=n+1:n+length(k),
    y(i)=-a1*y(i-n:i-1)'+b1*f(i-n:i-n+m)';
end
y=y(n+1:n+length(k));
```

例 2-3-1　若描述某一线性时不变离散系统的差分方程为

$$y(k)+y(k-1)-0.5y(k-2)-0.6y(k-3)$$
$$=0.9f(k)-0.4f(k-1)+0.6f(k-2)+0.4f(k-3)$$

已知 $y(-1)=1$，$y(-2)=-2$，$y(-3)=-3$，$f(k)=[(0.6)^k+0.8]\varepsilon(k)$，求该系统的响应。

MATLAB 编写程序为

```
clear all; close all; clc;
a=[1 -0.5 -0.6];
b=[0.9 -0.4 0.6 0.4];
y0=[-3 -2 1];
f0=[0 0 0];
k=0:50;
f=0.6.^k.*(k>=0)+0.8;
y=recur(a,b,k,f,f0,y0);
stem(k,y,'fill','-k','linewidth',2);
xlabel('k');
ylabel('y(k)');
title('系统的响应');
axis([-1,51,-3,3]);
```

程序运行后，系统的响应的波形如图 2-3-1 所示。

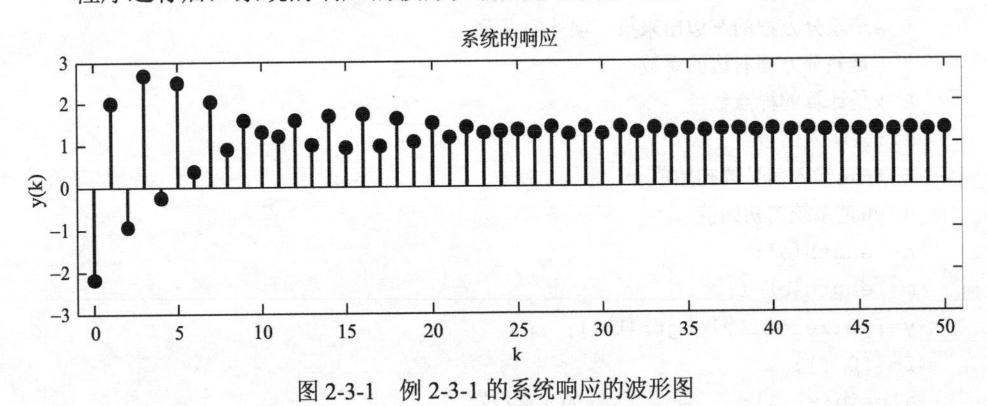

图 2-3-1　例 2-3-1 的系统响应的波形图

2. 零输入响应和零状态响应

与连续时间线性时不变系统类似，离散系统的全响应也可以分解为零输入响应和零状态响应。零输入响应是系统的激励信号 $f(k)$ 为零时仅仅由系统的初始状态所引起的响应，用 $y_{zi}(k)$ 表示。在零输入条件下，系统数学模型的微分方程等号右端为零，方程化为齐次方程，即

$$\sum_{j=0}^{n} a_{n-j} y_{zi}(k-j) = 0$$

假设其特征根均为单根，则系统的零输入响应为

$$y_{zi}(k) = \sum_{j=1}^{n} C_{zij} \lambda_j^k$$

式中，C_{zij} 为待定常数，由系统的初始状态可以确定各待定常数。考虑到输入为零，故系统的初始状态：

$$y_{zi}(j) = y(j), \quad j = -1, -2, \cdots, -n$$

零状态响应是系统的初始状态为零时，仅由激励信号 $f(k)$ 引起的响应，用 $y_{zs}(k)$ 表示。在零状态条件下，系统数学模型的差分方程仍为非齐次方程，形式如下：

$$\sum_{j=0}^{n} a_{n-j} y_{zs}(k-j) = \sum_{i=0}^{m} b_{m-i} f(k-i)$$

系统的初始状态 $y_{zs}(-1) = y_{zs}(-2) = \cdots = y_{zs}(-n) = 0$ 。假设微分方程的特征根均为单根，系统的零状态响应为

$$y_{zs}(k) = \sum_{j=1}^{n} C_{zsj} \lambda_j^k + y_{\mathrm{p}}(k)$$

式中，C_{zsj} 为待定常数，$y_{\mathrm{p}}(k)$ 为方程的特解。

例 2-3-2　如例 2-3-1 题所描述的线性时不变离散时间系统，试求该系统的零输入响应 $y_{zi}(k)$ 和零状态响应 $y_{zs}(k)$ 。

MATLAB 编写程序为

```
clear all; close all; clc;
a=[1 -0.5 -0.6];
b=[0.9 -0.4 0.6 0.4];
y0=[-3 -2 1];
f0=[0 0 0];
k=0:50;
f=zeros(1,61);
subplot(2,1,1);
y=recur(a,b,k,f,f0,y0);
stem(k,y,'fill','-k','linewidth',2);
xlabel('k');
ylabel('y_z_i(k)');
title('零输入响应y_z_i(k)');
```

```
axis([-1,51,-5,5]);
y0=[0 0 0];
f=0.6.^k.*(k>=0)+0.8;
subplot(2,1,2);
y=recur(a,b,k,f,f0,y0);
stem(k,y,'fill','-k','linewidth',2);
xlabel('k');
ylabel('y_z_s(k)');
title('零状态响应y_z_i(k)');
axis([-1,51,-2,5]);
```

程序运行后，系统的零输入响应与零状态响应的波形如图 2-3-2 所示。

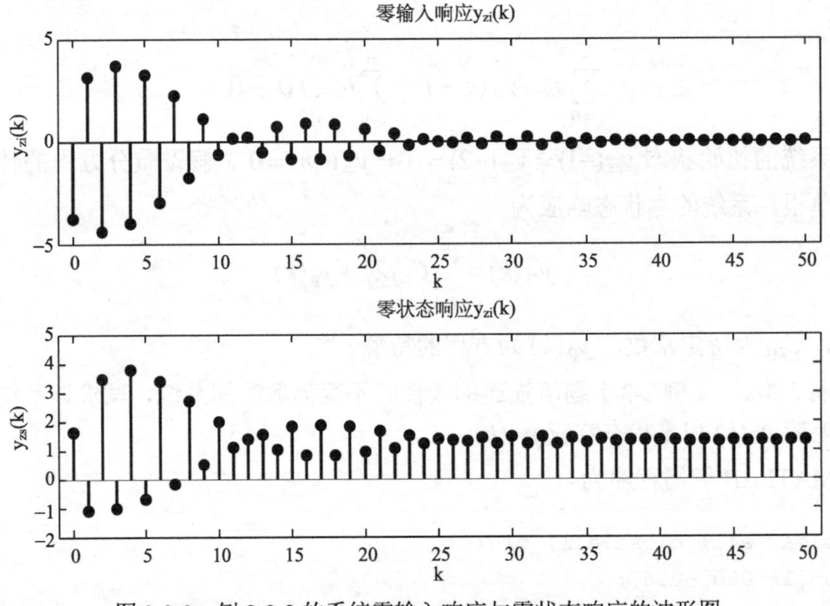

图 2-3-2　例 2-3-2 的系统零输入响应与零状态响应的波形图

3. 单位样值响应和单位阶跃响应

对于一个线性时不变离散时间系统，当系统的初始状态为零时，激励为单位样值序列 $\delta(k)$ 所引起的响应称为单位样值响应(也称单位序列响应、单位取样响应)，用 $h(k)$ 表示。换句话说，单位样值响应就是激励为单位样值序列 $\delta(k)$ 时系统的零状态响应，即

$$h(k) \overset{\text{def}}{=} T\left[\{0\},\delta(k)\right]$$

对于一个线性时不变离散时间系统，当系统的初始状态为零时，输入为单位阶跃函数$\varepsilon(k)$所引起的响应称为单位阶跃响应，简称阶跃响应，用$g(k)$表示。换句话说，阶跃响应就是激励为单位阶跃函数$\varepsilon(k)$时系统的零状态响应，即

$$g(k) \overset{\text{def}}{=} T\left[\{0\},\varepsilon(k)\right]$$

在 MATLAB 中，提供了函数 impz()和 stepz()可以直接调用求得系统的单位样值响应和单位阶跃响应，调用格式为：h=impz(b，a，k)；g=stepz(b，a，k)，其中向量$a=\left[a_n \quad a_{n-1} \quad \cdots \quad a_1 \quad a_0\right]$和$b=\left[b_m \quad b_{m-1} \quad \cdots b_1 \quad b_0\right]$分别表示系统的差分方程左侧和右侧的系数向量，$k$表示输出序列的取值范围，$h$是系统的单位样值响应，$g$是系统的单位阶跃响应。

例 2-3-3　若描述线性时不变离散时间系统的差分方程为

$$y(k)+y(k-1)+0.25y(k-2)=f(k)+f(k-2)$$

求该系统的单位样值响应和阶跃响应。

MATLAB 编写的源程序为

```
clear all; close all; clc;
a=[1 1 0.25];
b=[1 0 1 ];
k=0:15;
h=impz(b,a,k);
g=stepz(b,a,k);
figure(1);
stem(k,h,'fill','-k','linewidth',2);
xlabel('k');
ylabel('h(k)');
title('单位样值响应h(k)');
axis([-1,16,-2,2]);
figure(2);
stem(k,g,'fill','-k','linewidth',2);
xlabel('k');
ylabel('g(k)');
title('单位阶跃响应g(k)');
axis([-1,16,-0.1,2]);
```

程序运行后，系统的单位样值响应与单位阶跃响应的如图 2-3-3 所示。

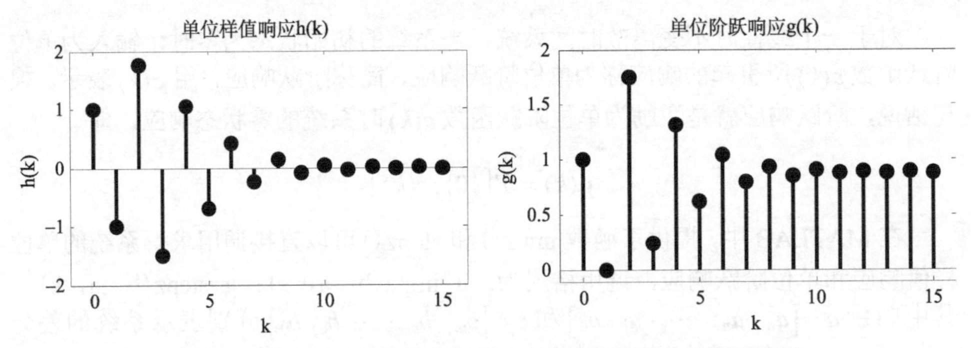

图 2-3-3　例 2-3-3 系统单位样值响应和单位阶跃响应的波形图

4. 卷积和

对于两个离散时间序列 $f_1(k)$ 和 $f_2(k)$，其卷积和的定义为

$$f(k)=f_1(k)*f_2(k)\overset{\text{def}}{=}\sum_{i=-\infty}^{\infty}f_1(i)f_2(k-i)$$

计算序列 $f_1(k)$ 和 $f_2(k)$ 的卷积和的步骤如下：

(1) 将序列 $f_1(k)$ 和 $f_2(k)$ 的自变量用 i 代换，即 $f_1(i)$ 和 $f_2(i)$；

(2) 将其中一个序列以纵坐标为轴线进行反转，若将 $f_2(i)$ 反转，则变成 $f_2(-i)$；

(3) 将序列 $f_2(-i)$ 沿 i 轴正方向平移 k 个单位，得到 $f_2(k-i)$；

(4) 求各乘积 $f_1(i)f_2(k-i)$ 之和，得到对应 k 点的卷积和值。

卷积和运算中求和上下限的确定取决于两个序列波形重叠部分的范围，对于两个有限长序列 $f_1(k)$ 和 $f_2(k)$ 的长度分别为 L_1 和 L_2，卷积和后序列的长度为 $L=L_1+L_2-1$。

5. 卷积和的应用

对于一个线性时不变系统来说，系统的零状态响应 $y_{zs}(k)$ 等于系统的输入 $f(k)$ 与系统的单位样值响应 $h(k)$ 的卷积和，即

$$y_{zs}(k)=f(k)*h(k)=\sum_{i=-\infty}^{\infty}f(i)h(k-i)$$

当系统为因果系统时，即输入信号从 $k=0$ 时刻加入，有

$$y_{zs}(k)=\sum_{i=0}^{\infty}f(i)h(k-i)$$

在 MATLAB 中，调用函数 conv()可以计算两个离散序列的卷积和，其调用

格式为：f=conv(f1,f2)，其中 f1 和 f2 分别表示两个作卷积运算序列的向量，f 为卷积运算(求和)后的结果。

例 2-3-4　已知某线性时不变离散时间系统的单位样值响应为 $h(k)=0.9^k\varepsilon(k)$，激励信号为 $f(k)=2k\varepsilon(k)$，求该系统的零状态响应 $y_{zs}(k)$。

MATLAB 编写的源程序为

```
clear all; close all; clc;
k=0:20;
fk=2.*k;
hk=0.9.^k;
yzsk=conv(fk,hk);
subplot(3,1,1);
stem(k,fk,'fill','-k','linewidth',2);
xlabel('k');
ylabel('f(k)');
title('系统的激励f(k)');
subplot(3,1,2);
stem(k,hk,'fill','-k','linewidth',2);
ylabel('h(k)');
title('系统的单位样值响应h(k)');
subplot(3,1,3);
stem(k,yzsk(1:length(k)),'fill','-k','linewidth',2);
xlabel('k');
ylabel('y_z_s(k)');
title('系统的零状态响应y_z_s(k)');
```

程序运行后，系统的零状态响应的波形如图 2-3-4 所示。

三、实验内容

1. 在 MATLAB 中运行实验原理中所有例题源程序，调试验证仿真结果。
2. 已知描述某离散时间系统的差分方程为

$$y(k)-0.25y(k-1)+0.5y(k-2)=f(k)+f(k-1)$$

且已知该系统的输入序列为 $f(k)=0.5^k\varepsilon(k)$，绘制出该输入序列的时域波形，并求该系统在区间[0，20]的样值，画出系统的零状态响应 $y_{zs}(k)$ 波形和单位样值响应 $h(k)$ 波形。

3. 某系统的单位样值响应是 $h(k)=0.5^k\varepsilon(k)$，若激励信号为 $f(k)=\varepsilon(k-1)-\varepsilon(k-5)$，求响应 $y(k)$。请分别利用 filter( )函数编程实现，得出计算结果，并给出理论计算结果，对比讨论分析。

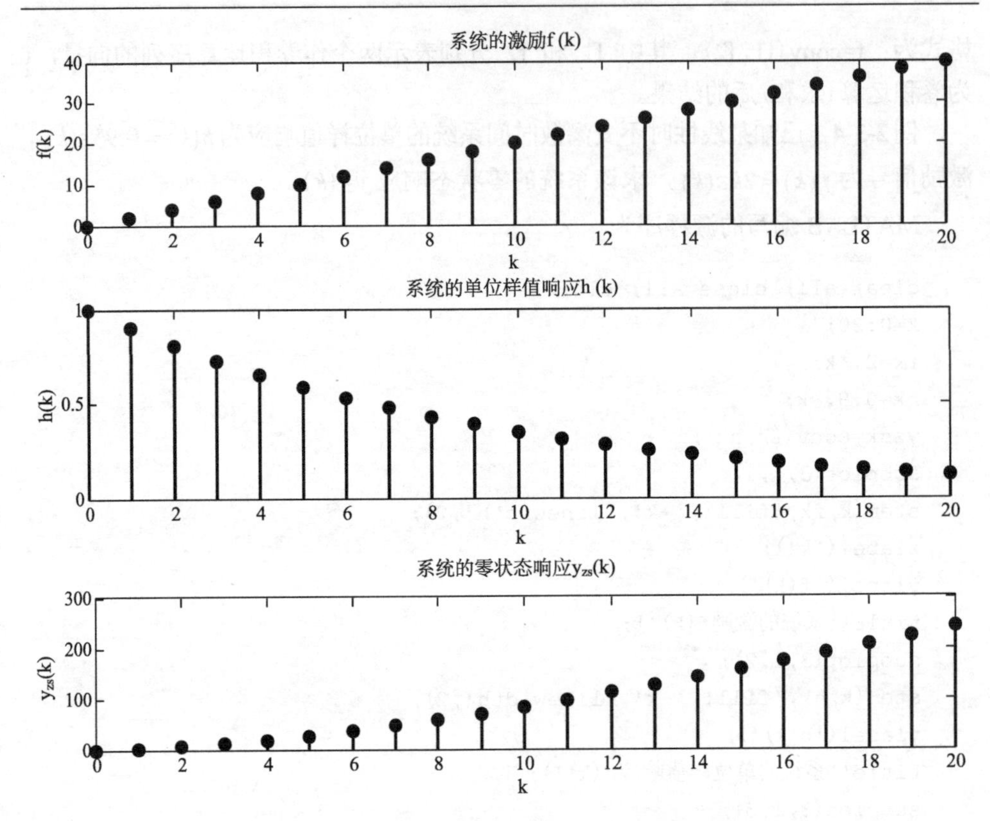

图 2-3-4　例 2-3-4 系统的零状态响应的波形图

4. 求下列序列的卷积和 $y(k)=f_1(k)*f_2(k)$。

(1) $f_1(k)=0.3^k\varepsilon(k)$， $f_2(k)=0.5^k\varepsilon(k)$；

(2) $f_1(k)=\{\underset{\uparrow}{1},2,0,1\}$， $f_2(k)=\{\underset{\uparrow}{2},2,3\}$；

(3) $f_1(k)=\varepsilon(k+2)$， $f_2(k)=\varepsilon(k-3)$；

(4) $f_1(k)=0.5^k\varepsilon(k)$， $f_2(k)=0.5^k[\varepsilon(k+3)-\varepsilon(k-4)]$。

四、实验报告要求

1. 阐述实验目的和实验基本原理。

2. 根据差分方程的经典求解方法，分别写出各种响应相应的数学表达式，编写 MATLAB 程序，绘制各种响应的波形图。

3. 用 MATLAB 分别求解系统的零输入响应、零状态响应以及全响应，并与经典法求解进行对比验证。

4. 用 MATLAB 分别求解系统的单位样值响应和单位阶跃响应，并与经典法求解进行对比验证。

5. 根据实验归纳总结利用 MATLAB 计算离散卷积的方法。

6. 总结实验过程中的主要收获以及心得体会。

五、思考题

1. 系统的自由响应与强迫响应的概念是什么？分别有什么物理意义？

2. 系统的零输入响应与零状态响应的概念是什么？分别有什么物理意义？

3. 系统的单位样值响应与阶跃响应的概念是什么？分别有什么物理意义？它们之间有何关系？

4. 有限离散信号的卷积和与无限离散信号的卷积和有何区别？对超前或滞后的波形如何处理？

第三章　连续时间信号与系统的频域分析

3.1　周期信号的傅里叶级数实验

一、实验目的

1. 掌握连续时间周期信号的傅里叶级数展开。
2. 掌握连续时间周期信号频谱的概念及其特性；了解实信号频谱的特点。
3. 掌握连续时间周期信号傅里叶级数的 MATLAB 实现。
4. 通过 MATLAB 编程观察信号的合成、分解原理，加深对傅里叶级数的理解。
5. 正确认识和理解吉布斯(Gibbs)现象。

二、实验原理

周期信号 $f(t)$ 在一个周期区间内可以展开成在完备正交函数空间中的无穷项级数。如果完备的正交函数集是三角函数集或指数函数集，那么周期信号所展开的无穷级数就分别称为“三角形式傅里叶级数”或“指数形式傅里叶级数”，统称为傅里叶级数。周期区间一般取为：$[0, T]$或$[t_0, t_0+T]$或$[-T/2, T/2]$。

需要强调指出，只有当周期信号满足狄里赫利(Dirichlet)条件时，才能展开成傅里叶级数。狄里赫利条件如下：

(1) 在任一周期内，信号 $f(t)$ 是绝对可积的，即 $\int_T |f(t)| \mathrm{d}t < \infty$；

(2) 在任意有限区间内，$f(t)$ 具有有限个起伏变化，也就是说，在任何单个周期内，$f(t)$ 的最大值和最小值的数目有限；

(3) 在 $f(t)$ 的任何有限区间内，只有有限个不连续点，而且在这些不连续点上，函数的取值是有限值。

1. 三角形式傅里叶级数

对于周期为 T 的周期信号 $f(t)$，角频率 $\Omega = 2\pi F = \frac{2\pi}{T}$，可分解为

$$
\begin{aligned}
f(t) &= a_0 + a_1\cos(\Omega t) + a_2\cos(2\Omega t) + \cdots + b_1\sin(\Omega t) + b_2\sin(2\Omega t) + \cdots \\
&= a_0 + \sum_{n=1}^{\infty} a_n\cos(n\Omega t) + \sum_{n=1}^{\infty} b_n\sin(n\Omega t)
\end{aligned}
$$

式中，系数 a_n，b_n 称为三角形式傅里叶级数的系数，即为各次谐波成分的幅度值，由以下各式求得。

直流分量：

$$a_0=\frac{1}{T}\int_{-\frac{T}{2}}^{\frac{T}{2}}f(t)\,\mathrm{d}t$$

余弦分量：

$$a_n=\frac{2}{T}\int_{-\frac{T}{2}}^{\frac{T}{2}}f(t)\cos(n\Omega t)\,\mathrm{d}t,\qquad n=1,2,\cdots$$

正弦分量：

$$b_n=\frac{2}{T}\int_{-\frac{T}{2}}^{\frac{T}{2}}f(t)\sin(n\Omega t)\,\mathrm{d}t,\qquad n=0,1,2,\cdots$$

2. 指数形式傅里叶级数

根据欧拉公式：

$$\cos(n\Omega t)=\frac{1}{2}(\mathrm{e}^{\mathrm{j}n\Omega t}+\mathrm{e}^{-\mathrm{j}n\Omega t})\ ,\qquad \sin(n\Omega t)=\frac{1}{2\mathrm{j}}(\mathrm{e}^{\mathrm{j}n\Omega t}-\mathrm{e}^{-\mathrm{j}n\Omega t})$$

对周期信号 $f(t)$，它的周期是 T，角频率 $\Omega=2\pi F=\frac{2\pi}{T}$，可分解为

$$f(t)=\sum_{n=-\infty}^{\infty}F_n\,\mathrm{e}^{\mathrm{j}n\Omega t}$$

式中，系数 F_n 称为指数形式傅里叶级数的系数，由下式求得

$$F_n=\frac{1}{T}\int_{-\frac{T}{2}}^{\frac{T}{2}}f(t)\,\mathrm{e}^{-\mathrm{j}n\Omega t}\,\mathrm{d}t$$

3. 周期信号的分解与合成

根据周期信号的傅里叶级数展开式可知，对于任何非正弦周期信号，在满足狄里赫利条件时，都可以分解为直流分量、基波以及各次谐波(基波的整数倍)分量的无穷叠加。同样，由直流分量、基波以及各次谐波也可以叠加合成一个周期信号。合成波形所包含的谐波分量越多，除间断点附近外，合成信号越接近原周期信号，在间断点附近，随着所含谐波次数的增加，合成波形的尖峰越靠近间断点，但尖峰幅度并未明显减小。理论证明，即使合成波形所含的谐波次数趋于无穷大，在间断点附近仍有约 9%的偏差，这种现象称为**吉布斯(Gibbs)现象**。

例 3-1-1 将图 3-1-1 所示的周期方波信号展开为傅里叶级数，并在 MATLAB 中观察方波信号的分解与合成。

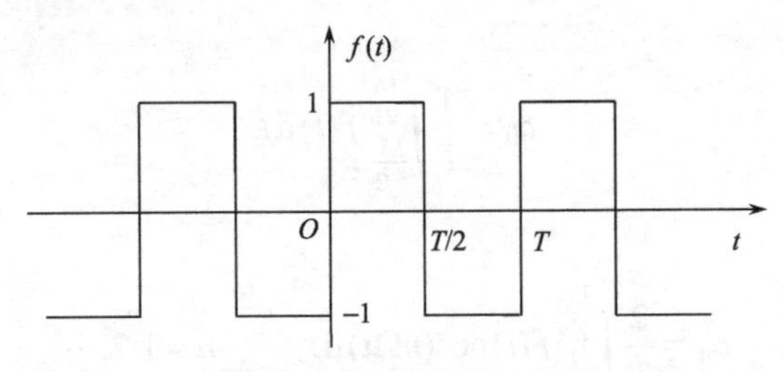

图 3-1-1 周期方波的波形

解 由图 3-1-1 可以看出周期方波的幅值为 1，周期T，角频率$\Omega=\dfrac{2\pi}{T}$，理论求解傅里叶级数的系数，得

$$a_n=\frac{2}{T}\int_{-\frac{T}{2}}^{\frac{T}{2}}f(t)\cos(n\Omega t)\,\mathrm{d}t$$

$$=\frac{2}{T}\int_{-\frac{T}{2}}^{0}(-1)\cos(n\Omega t)\,\mathrm{d}t+\frac{2}{T}\int_{0}^{\frac{T}{2}}(1)\cos(n\Omega t)\,\mathrm{d}t=0,\qquad n=1,2,\cdots$$

$$b_n=\frac{2}{T}\int_{-\frac{T}{2}}^{\frac{T}{2}}f(t)\sin(n\Omega t)\,\mathrm{d}t=\frac{2}{T}\int_{-\frac{T}{2}}^{0}(-1)\sin(n\Omega t)\,\mathrm{d}t+\frac{2}{T}\int_{0}^{\frac{T}{2}}(1)\sin(n\Omega t)\,\mathrm{d}t$$

$$=\frac{2}{n\pi}\left[1-\cos(n\pi)\right]=\begin{cases}0, & n=2,4,6,\cdots\\ \dfrac{4}{n\pi}, & n=1,3,5,\cdots\end{cases}$$

所以可得所示信号的傅里叶级数展开式为

$$f(t)=\frac{4}{\pi}\left[\sin(\Omega t)+\frac{1}{3}\sin(3\Omega t)+\frac{1}{5}\sin(5\Omega t)+\cdots+\frac{1}{n}\sin(n\Omega t)+\cdots\right],\qquad n=1,3,5,\cdots$$

周期方波信号各次谐波的分解与叠加的 MATLAB 源程序为

```
%观察周期方波信号的分解与叠加
%m：傅里叶级数展开的项数
clear all; close all; clc;
display ('请输入m的值(傅里叶级数展开的项数)');          %在命令窗口显示提示信息
m=input('m=');                            %键盘输入傅里叶级数展开的项数
t=-2*pi:0.01:2*pi;                        %时域波形的时间范围-2π~2π，采用间隔0.01s
n=round(length(t)/4);                     %根据周期方波信号的周期，计算1/2周期的数据点
f=[ones(n,1); -1*ones(n,1);ones(n,1); -1*ones(n+1,1)]; %构造周期方波信号
y=zeros(m+1,max(size(t)));
```

```
y(m+1,:) = f';
figure(1);
plot(t/pi,y(m+1,:),'-k','linewidth',2);      %仿真绘制周期方波信号
axis([-2 2 -1.5 1.5]);                       %指定图形显示的横坐标与纵坐标的范围
title('周期方波信号');                        %给绘制的图形添加标题
xlabel('t');                                 %添加横坐标标题
x=zeros(size(t));
kk='1';
for k=1:2:2*m-1                              %循环显示谐波相叠加的图形
    pause;
    x=x+sin(k*t)/k;
    y((k+1)/2,:)=4/pi*x;                     %计算各次谐波叠加的和
    plot(t/pi,y(m+1,:),'-k','linewidth',2);
    hold on;
    plot(t/pi,y((k+1)/2,:),'-k','linewidth',2); %绘制各次谐波叠加信号
    hold off;
axis([-2 2 -1.2 1.2]);
title(strcat('第',kk,'次谐波叠加'));
xlabel('t');
kk=strcat(kk,'、',num2str(k+2));
end
pause;
plot(t/pi,y(1:m+1,:),'-k','linewidth',2);     %绘制各次谐波叠加的波形
axis([-2 2 -1.5 1.5]);
title('各次谐波叠加的波形');
xlabel('t');
```

程序运行后的结果如下所示。

在 MATLAB 命令窗口输入傅里叶级数展开的项数 m=6，并依次按下回车键，仿真绘制出周期方波信号的各次谐波及合成波形如图 3-1-2 所示。

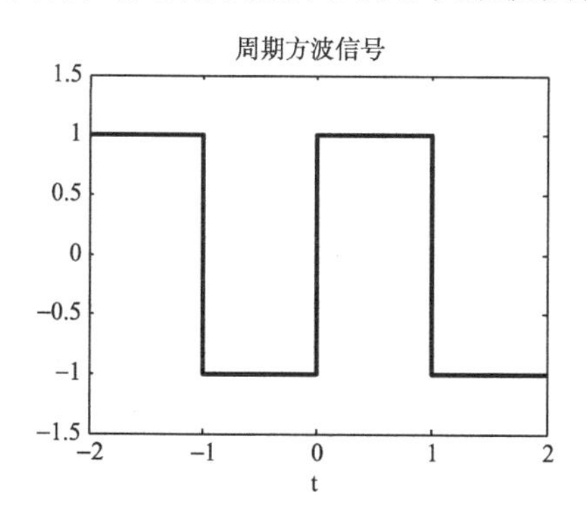

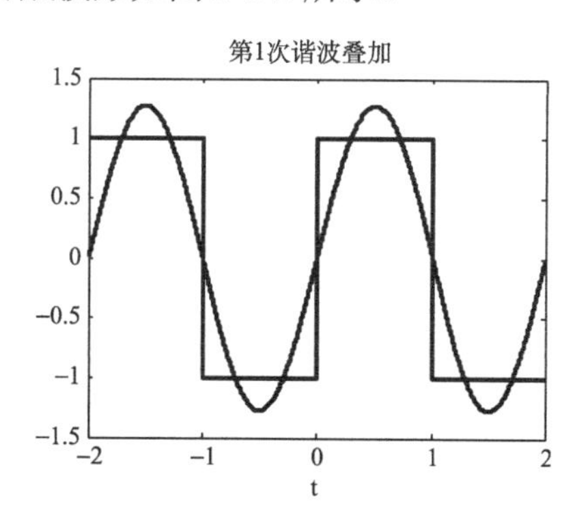

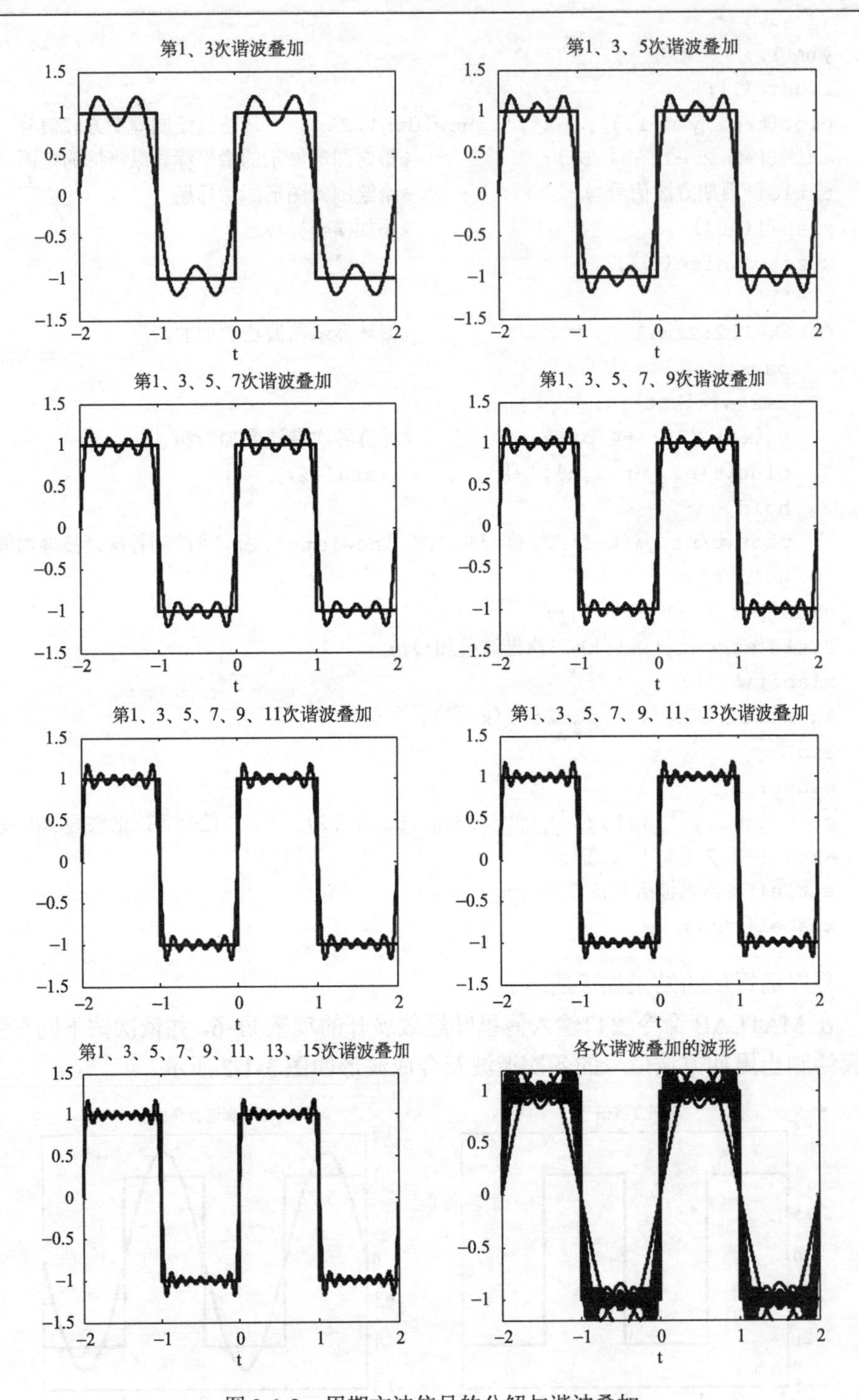

图 3-1-2　周期方波信号的分解与谐波叠加

周期方波信号合成的 MATLAB 源程序为

```
clear all; close all; clc;
t=-2*pi:0.01:2*pi;                %时域波形的时间范围-2π~2π，采用间隔0.01s
n=round(length(t)/4);             %根据周期方波信号的周期，计算1/2周期的数据点
f=[ones(n,1); -1*ones(n,1);ones(n,1); -1*ones(n+1,1)]; %构造周期方波信号
y=zeros(1,max(size(t)));
y(1,:) = f';
figure(1);
plot(t/pi,y(1,:),'-k','linewidth',2);                %仿真绘制周期方波信号
axis([-2 2 -1.2 1.2]);
n_max=[10 50 100 1000 2000];
N=length(n_max);
t=-2.1:0.001:2.1;              %时域波形的时间范围-2.1~2.1，采用间隔0.001s
omega=pi;
for k=1:N
n=[];
n=[1:2:n_max(k)];
b_n=4./(pi*n);
x=b_n*sin(omega*n'*t);
figure;
plot(t,x,'-k','linewidth',2);
axis([-2.1 2.1 -1.5 1.5]);
title(['最高谐波次数',num2str(n_max(k))]);
end
xlabel('t');
```

程序运行后波形如图 3-1-3 所示。

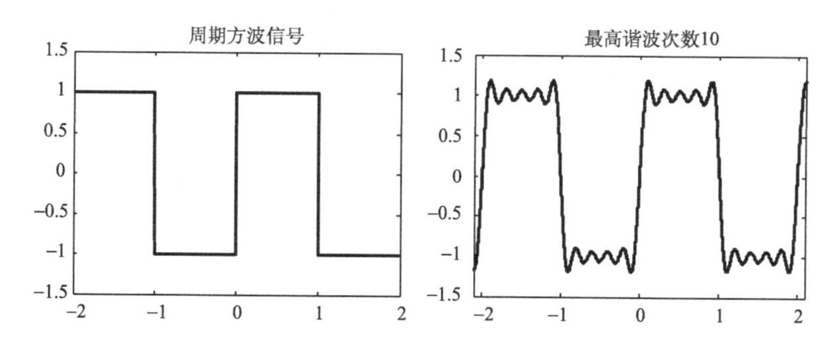

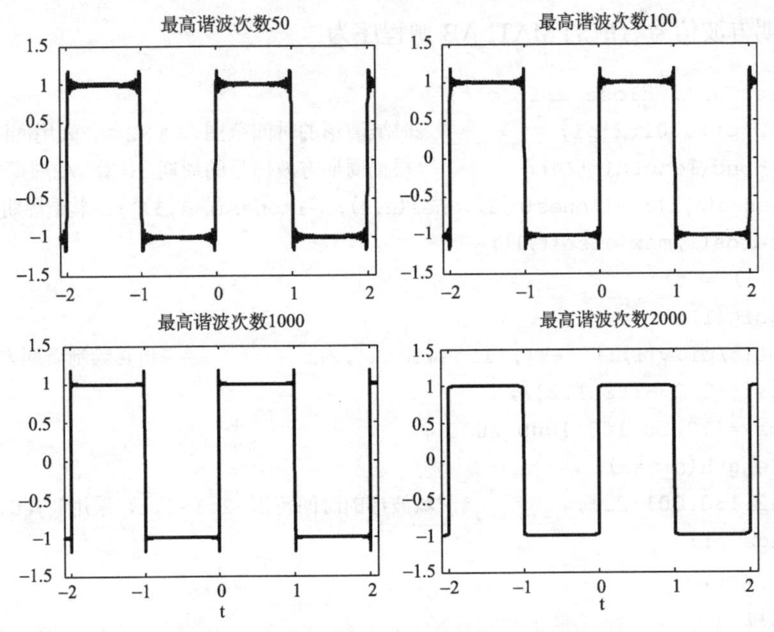

图 3-1-3　周期方波信号傅里叶级数的部分和

4. 周期信号的频谱

周期信号可以展开为傅里叶级数的指数形式为 $f(t)=\sum_{n=-\infty}^{\infty}F_n\mathrm{e}^{\mathrm{j}n\Omega t}$ ，傅里叶系数之间的关系为

$$A_0=a_0\text{，}\quad A_n=a_n-jb_n\text{，}\quad F_n=\frac{1}{2}A_n\text{，}\quad F_0=A_0$$

它描述了周期信号所含有的频率成分以及这些频率分量的幅度和相位。将各次谐波的幅度和相位随频率变化的规律用图形的方式表示出来，这就是频谱图，通常称 F_n 或 A_n 为 $f(t)$ 的频谱。

幅度频谱和相位频谱描述的是每个谐波的幅度和相位，它们在图中是作为离散信号，又称为线谱。单边频谱指的是当 $n\geqslant 0$ 时(正频率)，A_n 和 φ_n 的图形表示；而双边频谱指的是当 n 为任意值时(所有频率)，$|F_n|$ 和 φ_n 的图形表示。

例 3-1-2　给定一个周期为 $T=2s$ 的连续时间周期矩形脉冲信号，如图 3-1-4 所示，在一个周期内的数学表达式为：$f_1(t)=\begin{cases}1, & 0\leqslant t\leqslant 1\\ 0, & 1<t<2\end{cases}$，计算此方法的前 10 个谐波的傅里叶级数的系数，并用这前 10 个谐波恢复原信号。要求绘制出原始周期信号、合成的周期信号、信号的幅度谱和相位谱，并与理论值比较。每次执行时，输入不同 N 值观察合成的周期信号波形有什么特点。

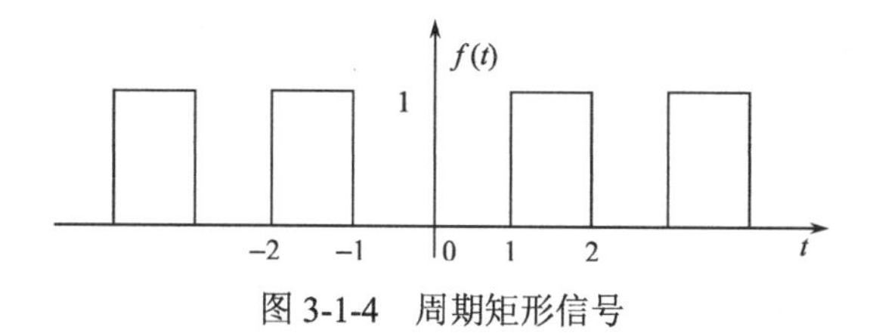

图 3-1-4　周期矩形信号

解　该信号的傅里叶级数的系数的理论值为

$$a_n = \frac{\sin\left(\frac{n}{2}\omega_0\right)}{n\omega_0} e^{-j\frac{n}{2}\omega_0}$$

因为 $\omega_0 = \frac{2\pi}{T} = \frac{2\pi}{2} = \pi$，代入上式得 $a_n = (-j)^n \frac{\sin\left(\frac{n\pi}{2}\right)}{n\pi}$。

该周期信号从 a_{-10} 到 a_{10} 共 21 个系数，理论值的结果利用下面程序得到

```
clear all; close all; clc;
n=-10:10;
an=((-j).^n).*(sin((n+eps)*pi/2)./((n+eps)*pi));
stem(n,abs(an),'fill','-k','linewidth',2);
title('傅里叶级数的系数');
xlabel('n');
ylabel('|a_n|');
axis([-10,10,-0.1,0.6]);
```

程序运行后，波形如图 3-1-5 所示。

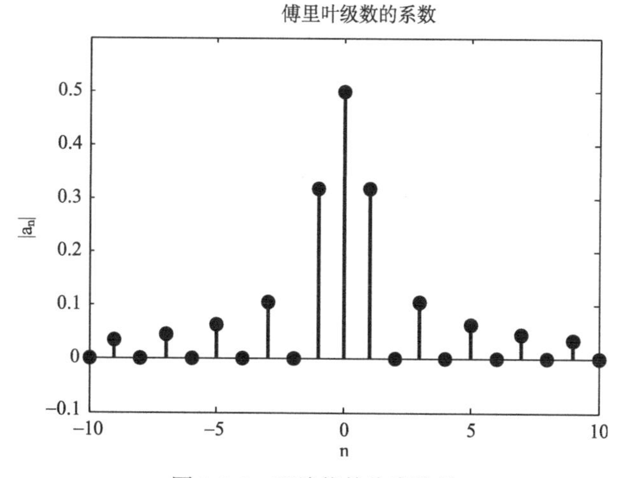

图 3-1-5　理论值的仿真结果

绘制出原始周期信号、合成的周期信号、信号的幅度谱和相位谱 MATLAB 程序为

```
clear all; close all; clc;
T=2;dt=0.001;t=-2:dt:2;
f1=(t>0&t<1+dt);f=0;
for m = -1:1
f=f+(t>m*T&t<1+m*T+dt);
end
w0=2*pi/T;
N=10;
L=2*N+1;
for n =-N:1:N;
   an(N+1+n) = (1/T)*f1*exp(-j*n*w0*t')*dt;
end
phi=angle(an);
f1=0;
for q=1:L;
   f1 = f1+an(q)*exp(j*(-(L-1)/2+q-1)*2*pi*t/T);
end;
subplot(2,2,1);
plot(t,f,'-k','linewidth',2);
title('原始信号f(t)');
axis([-2,2,-0.2,1.2]);
xlabel('t');
ylabel('f(t)');
subplot(2,2,2);
plot(t,f1,'-k','linewidth',2);
title('合成信号f_1(t)');
axis([-2,2,-0.2,1.2]);
xlabel('t');
ylabel('f_1(t)');
subplot(2,2,3);
n=-N:N;
stem(n,abs(an) ,'fill','-k','linewidth',2);
title('f(t)的幅度谱');
axis([-N,N,-0.1,0.6]);
xlabel('n');
ylabel('|F_n|');
subplot(2,2,4);
stem(n,phi,'fill','-k','linewidth',2);
```

```
title('f(t)的相位谱');
axis([-N,N,-3.5,3.5]);
xlabel('n');
ylabel('|φ_n|') ;
```

程序运行后，绘制的波形如图 3-1-6 所示。

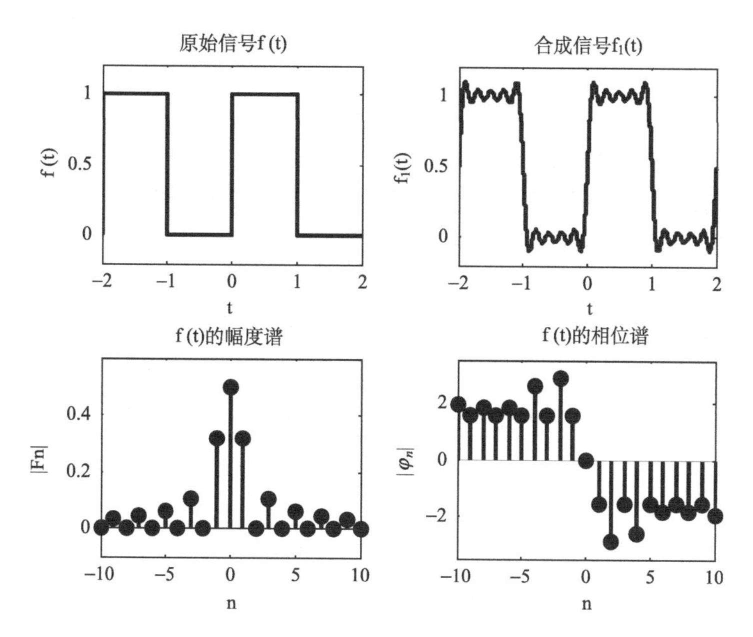

图 3-1-6　信号的合成值以及信号的幅度谱和相位谱

三、实验内容

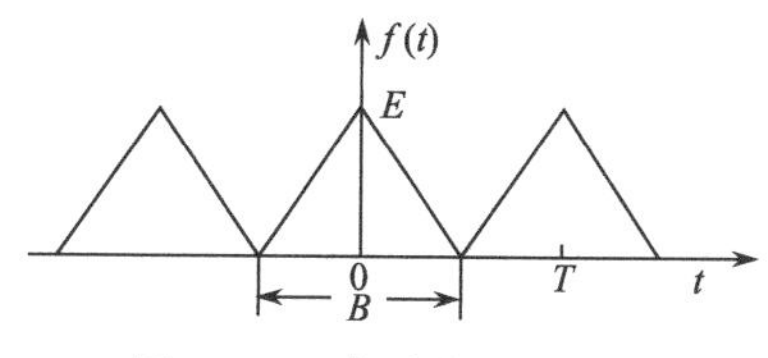

图 3-1-7　实验内容题 2 图

1. 实验仿真完成典型的周期信号展开为傅里叶级数的形式。

2. 已知周期三角波信号的波形图如图 3-1-7 所示，其中，$E=2$，试画出：

(1) 周期 $T=16$s 不变，仿真绘制三角脉冲宽度分别为 $B=8$s、$B=4$s 以及 $B=2$s 时，周期三角波信号的频谱图，并比较有什么异同；

(2) 三角脉冲宽度 $B=1$s 不变，仿真绘制信号的周期分别为 $T=2$s、$T=5$s 以及 $T=9$s 时，周期三角波信号的频谱图，并比较有什么异同。

(3) 分别比较(1)和(2)中，当周期三角脉冲信号的脉冲宽度和周期发生变化时，该信号的频谱图发生什么样的变化，并得出结论。

四、实验报告要求

1. 阐述实验目的和实验基本原理。

2. 按照实验内容分别编写出 MATLAB 程序的源代码，并调试产生运行结果，并对运行结果加以理论分析和说明。

3. 总结实验过程中的主要收获以及心得体会。

五、思考题

1. 周期信号的频谱的物理意义是什么？
2. 周期信号频谱的特点是什么？谱线间隔与什么有关？
3. 周期信号傅里叶级数的特点是什么？
4. 如何理解吉布斯现象？
5. 周期信号的脉冲宽度和周期对信号频谱的影响是什么？

3.2　非周期信号的频谱(傅里叶变换)实验

一、实验目的

1. 掌握傅里叶变换正变换和逆变换的定义及求解方法。
2. 掌握非周期信号的频谱密度函数。
3. 掌握非周期信号傅里叶正变换和逆变换的 MATLAB 实现。
4. 掌握用 MATLAB 绘制仿真非周期信号的频谱，加深对理论知识的理解。
5. 掌握用 MATLAB 绘制仿真周期信号的频谱。

二、实验原理

1. 傅里叶变换的定义

正变换：$F(\mathrm{j}\omega)=\mathscr{F}[f(t)]=\int_{-\infty}^{\infty}f(t)\mathrm{e}^{-\mathrm{j}\omega t}\,\mathrm{d}t$

逆变换：$f(t)=\mathscr{F}^{-1}[F(\mathrm{j}\omega)]=\dfrac{1}{2\pi}\int_{-\infty}^{\infty}F(\mathrm{j}\omega)\mathrm{e}^{\mathrm{j}\omega t}\,\mathrm{d}\omega$

2. 非周期信号 $f(t)$ 的频谱密度 $F(\mathrm{j}\omega)$

$$F(\mathrm{j}\omega)=\int_{-\infty}^{\infty}f(t)\mathrm{e}^{-\mathrm{j}\omega t}\,\mathrm{d}t=\left|F(\mathrm{j}\omega)\right|\mathrm{e}^{\mathrm{j}\varphi(\omega)}=R(\omega)+\mathrm{j}X(\omega)$$

$\left|F(\mathrm{j}\omega)\right|$ 称为 $f(t)$ 的幅度频谱，为实变量 ω 的偶函数；$\varphi(\omega)$ 称为 $f(t)$ 的相位

频谱，为实变量ω的奇函数。

$R(\omega)$为$F(\mathrm{j}\omega)$的实部，为实变量ω的偶函数；$X(\omega)$为$F(\mathrm{j}\omega)$的虚部，为实变量ω的奇函数。

3. 常用非周期信号的傅里叶变换对

1）单边指数信号

$$f(t)=\mathrm{e}^{-\alpha t}\,\varepsilon(t)=\begin{cases}\mathrm{e}^{-\alpha t}, & t\geqslant 0\\ 0, & t<0\end{cases},\quad \alpha\text{为正实数}$$

频谱函数：$F(\mathrm{j}\omega)=\dfrac{1}{\alpha+\mathrm{j}\omega}$；幅度频谱：$|F(\mathrm{j}\omega)|=\dfrac{1}{\sqrt{\alpha^2+\omega^2}}$；相位频谱：$\varphi(\omega)=-\arctan\left(\dfrac{\omega}{\alpha}\right)$。

例3-2-1　求单边指数信号$f(t)=\mathrm{e}^{-2t}\,\varepsilon(t)$的傅里叶变换$F(\mathrm{j}\omega)$，并绘制其频谱图。

MATLAB 源程序为

```
clear all; close all; clc;
T=0.01;t=-10:T:10;N=500;
W=10*pi;n=-N:N;
w=n*W/N;
f=exp(-2*t).* stepfun(t,0);              %绘制f(t)的波形
F=T*f*exp(-1i*t'*w);                     %计算f(t)的傅里叶变换
F_w=abs(F);
P_w=angle(F);
figure(1);
plot(t,f,'-k','linewidth',2);
xlabel('t');
ylabel('f(t)');
title('信号f(t)');
axis([-1,5,-0.1,1.1]);
figure(2);
plot(w,F_w,'-k','linewidth',2);
xlabel('ω');
ylabel('|F(jω)|');
title('幅度频谱');
axis([-30,30,-0.1,0.6]);
figure(3);
plot(w,P_w*180/pi,'-K','linewidth',2);
```

```
xlabel('ω');
ylabel('φ(ω)');
title('相位频谱');
axis([-30,30,-100.1,100]);
```

程序运行后，仿真绘制的结果如图 3-2-1 所示。

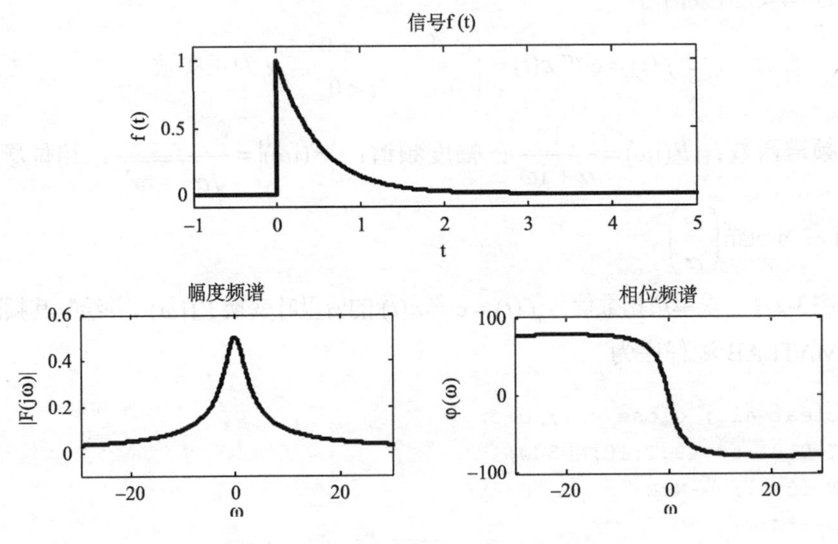

图 3-2-1　单边指数信号的波形及频谱图

2) 双边指数信号

$$f(t)=\mathrm{e}^{-\alpha|t|},\quad -\infty<t<+\infty$$

频谱函数：$F(\mathrm{j}\omega)=\dfrac{2\alpha}{\alpha^2+\omega^2}$；幅度谱：$|F(\mathrm{j}\omega)|=\dfrac{2\alpha}{\alpha^2+\omega^2}$；相位谱：$\varphi(\omega)=0$。

例 3-2-2　求双指数信号 $f(t)=\mathrm{e}^{-2|t|}$ 的傅里叶变换 $F(\mathrm{j}\omega)$，并绘制其频谱图。

MATLAB 源程序为

```
clear all; close all; clc;
T=0.01;t=-10:T:10;N=500;
W=10*pi;n=-N:N;
w=n*W/N;
f=exp(-2*abs(t));              %绘制f(t)的波形
F=T*f*exp(-1i*t'*w);           %计算f(t)的傅里叶变换
F_w=abs(F);
P_w=angle(F);
figure(1);
```

```
plot(t,f,'-k','linewidth',2);
xlabel('t');
ylabel('f(t)');
title('信号f(t)');
axis([-5,5,-0.1,1.1]);
figure(2);
plot(w,F_w,'-k','linewidth',2);
xlabel('ω');
ylabel('|F(jω)|');
title('幅度频谱');
axis([-30,30,-0.1,1.1]);
```

程序运行后，仿真绘制的结果如图 3-2-2 所示。

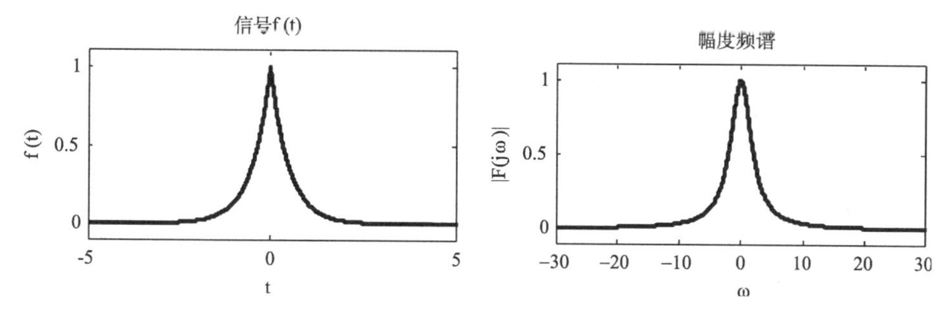

图 3-2-2　双边指数信号的波形及频谱图

三、实验内容

1. 用 MATLAB 仿真实现典型的非周期信号的傅里叶变换，绘制出信号的频谱图。

2. 求下列信号的傅里叶变换，并用 MATLAB 绘制信号波形及其频谱图。

(1) $f(t)=sa(10t)$；　　(2) $f(t)=\mathrm{e}^{-2(t-2)}\varepsilon(t)$；

(3) $f(t)=t\,\mathrm{e}^{-2t}\varepsilon(t)$；　　(4) $f(t)=(1+\cos 2t)g_{\tau}(t)$。

3. 用 MATLAB 仿真实现非周期信号时域发生平移时，信号的频谱的变化情况。验证傅里叶变换的时移特性。

4. 用 MATLAB 仿真实现非周期信号时域进行尺度变换运算时，信号的频谱的变化情况。验证傅里叶变换的尺度变换特性。

5. 用 MATLAB 仿真验证傅里叶变换的频移特性(对应通信系统中的调制和解调)。

6. 用 MATLAB 仿真验证傅里叶变换的卷积定理。

7. 用 MATALB 仿真实现典型的周期信号的傅里叶变换。

四、实验报告要求

1. 阐述实验目的和实验基本原理。

2. 按照实验内容分别编写出 MATLAB 程序的源代码，并调试产生运行结果，并对运行结果加以理论分析和说明。

3. 总结实验过程中的主要收获以及心得体会。

五、思考题

1. 非周期信号的频谱密度函数的物理意义是什么？
2. 非周期信号频谱的特点是什么？与函数时域的特性的关系是什么？
3. 周期信号频谱与非周期信号频谱密度函数的区别与联系是什么？
4. 周期信号的傅里叶变换的频谱有什么特点？
5. 傅里叶变换的条件是什么？怎么理解这些条件？
6. 如何理解傅里叶变换的各种特性？

3.3　连续时间信号的频域分析实验

一、实验目的

1. 掌握信号作用下系统响应的频域分析方法。
2. 掌握频域系统函数的概念及其物理意义。
3. 掌握理想低通滤波器的基本特性及其对信号的滤波作用。
4. 掌握调制与解调中信号频谱的变化情况。
5. 能够利用 MATLAB 实现连续时间系统的频域分析。

二、实验原理

信号的频域分析也就是信号的频谱分析，分析信号所包含的频率分量，包括幅度谱和相位谱。

1. 频率响应

频率响应(函数) $H(\mathrm{j}\omega)$ (也称为系统函数)定义为系统的零状态响应的傅里叶变换 $Y(\mathrm{j}\omega)$ 与输入信号的傅里叶变换 $F(\mathrm{j}\omega)$ 之比，即

$$H(\mathrm{j}\omega)=\frac{Y(\mathrm{j}\omega)}{F(\mathrm{j}\omega)}=|H(\mathrm{j}\omega)|\mathrm{e}^{\mathrm{j}\varphi(\omega)}$$

如令 $Y(\mathrm{j}\omega)=|Y(\mathrm{j}\omega)|\mathrm{e}^{\mathrm{j}\theta_y(\omega)}$，$F(\mathrm{j}\omega)=|F(\mathrm{j}\omega)|\mathrm{e}^{\mathrm{j}\theta_f(\omega)}$，则有

$$|H(\mathrm{j}\omega)|=\frac{|Y(\mathrm{j}\omega)|}{|F(\mathrm{j}\omega)|};\quad \varphi(\omega)=\theta_y(\omega)-\theta_f(\omega)$$

式中，$|H(\mathrm{j}\omega)|$ 是角频率为 ω 的输出与输入信号幅度之比，称为幅频特性(幅频响应)；$\varphi(\omega)$ 是输出与输入信号的相位差，称为相频特性(相频响应)。

在 MATLAB 中，调用函数 freqs()来计算系统的频率响应的数值解，并能够绘制出系统的幅频响应和相频响应的曲线，其调用格式有以下几种方式。

(1) H=freqs(b,a,w)：b 和 a 分别为 $H(\mathrm{j}\omega)$ 分子多项式和分母多项式的系数向量；w 为系统频率响应的频率范围的向量，如 w1：dw：w2 形式，w1 为频率的起点，w2 为频率的终点，dw 为频率的采用间隔；H 为系统频率响应的样值。

(2) [H,w]=freqs(b,a)：该调用格式输出从计算出的频率响应中自动选取 200 个频率点的频率响应的样值，其中 b 和 a 同上；H 为保存 200 个频率点的系统频率响应的样值，w 为保存 200 个频率点的位置。

(3) [H,w]=freqs(b,a,N)：该调用格式输出从计算出的频率响应中自动选取 N 个频率点的频率响应的样值，其中 b 和 a 同上；N 为频率点的个数；H 为保存 N 个频率点的系统频率响应的样值，w 为保存 N 个频率点的位置。

(4) freqs(b,a)：该调用格式以伯德图的方式绘制出系统的频率响应曲线，并不返回系统频率响应的样值，其中 b 和 a 同上。

例 3-3-1　二阶高通滤波器的频率响应为 $H(\mathrm{j}\omega)=\dfrac{0.1(\mathrm{j}\omega)^2}{0.1(\mathrm{j}\omega)^2+\mathrm{j}\omega+2}$，绘制出该系统的频率响应的曲线。

MATLAB 源程序为

```
clear all; close all; clc;
a=[0.1 1 2];
b=[0.1 0 0];
[h,w]=freqs(b,a);
h1=abs(h);
h2=angle(h);
figure(1);
plot(w,h1,'-k','linewidth',2);
xlabel('ω');
ylabel('|F(jω)|');
title('幅频响应');
axis([0,100,0,1.1]);
figure(21);
```

```
plot(w,h2*180/pi,'-k','linewidth',2);
xlabel('ω');
ylabel('φ(ω)');
title('相频响应');
```

程序运行后，幅频响应和相频响应的曲线如图 3-3-1 所示。

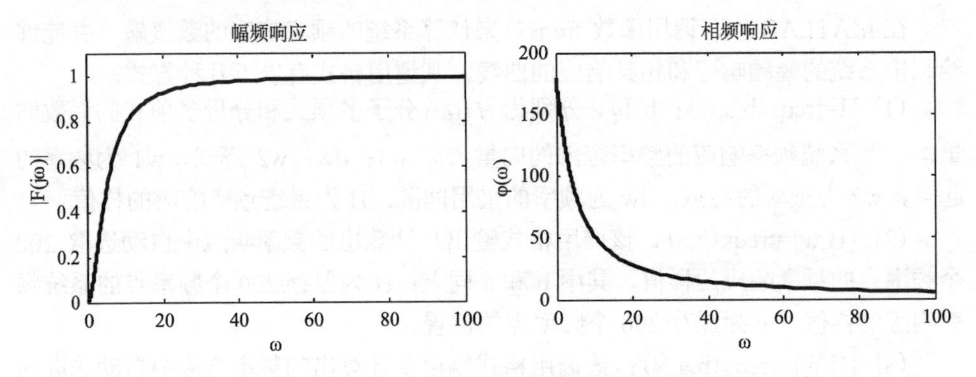

图 3-3-1　二阶高通滤波器的幅频响应和相频响应

2. 理想低通滤波器

理想滤波器是将滤波网络的某些特性理想化而定义的滤波网络。最常用到的是具有矩形幅度特性和线性相移特性的理想低通滤波器。定义为

$$H(\mathrm{j}\omega)=\begin{cases}\mathrm{e}^{-\mathrm{j}\omega t_\mathrm{d}}, & |\omega|<\omega_\mathrm{c}\\ 0, & |\omega|>\omega_\mathrm{c}\end{cases}$$

对其求傅里叶逆变换，得理想低通滤波器的冲激响应为

$$h(t)=\frac{\omega_\mathrm{c}}{\pi}\mathrm{Sa}\left[\omega_\mathrm{c}(t-t_\mathrm{d})\right]=\frac{\omega_\mathrm{c}}{\pi}\frac{\sin\left[\omega_\mathrm{c}(t-t_\mathrm{d})\right]}{\omega_\mathrm{c}(t-t_\mathrm{d})}$$

例 3-3-2　绘制理想低通滤波器的冲激响应。

MATLAB 源程序为

```
clear all; close all; clc;
r=0.006;t=-3:r:3;
wc=10;
t0=1;
N=500;k=-N:N;w=k*30/1000;
Habs=(w<wc&w>-wc);
H=Habs.*exp(-j*t0*w);
```

```
h=H*exp(j*w'*t)*30/2/pi/1000;
plot(t, real(h));
xlabel('t');
ylabel('h(t)');
```

程序运行后，理想低通滤波器的冲激响应如图 3-3-2 所示。

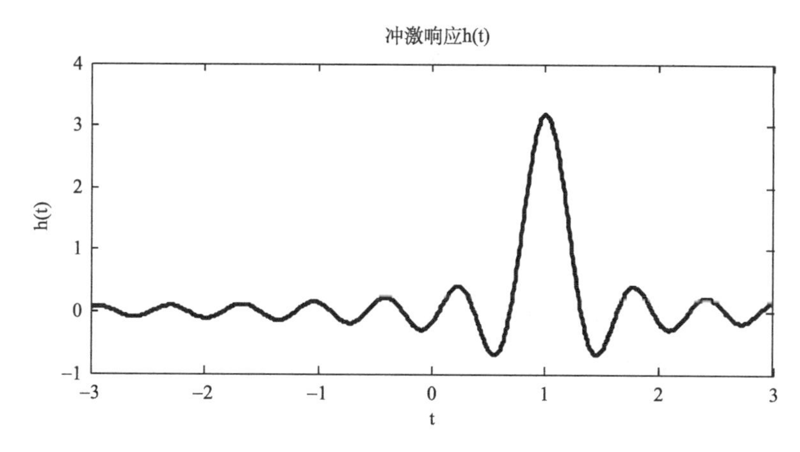

图 3-3-2　理想低通滤波器的冲激响应

3. 调制和解调

在通信系统中，为了实现信号的传输，在信号的发送端和接收端要对信号进行调制(Modulation)和解调(Demodulation)。信号调制的实质就是对待传输信号的频谱实现搬移，使它们占据不同的频率范围，即信号依附于不同频率的载波上，互不重叠，这样接收机就可以在互不干扰的情况下快速地分离出所需频率的信号。调制与解调的基本原理框图如图 3-3-3 所示，其中，需要传输的信号 $f(t)$ 称为调制信号，正弦(余弦)信号 $\cos(\omega_0 t)$ 称为载波，调制器的输出信号 $f(t)\cos(\omega_0 t)$ 称为已调信号，解调器的输出信号 $f_0(t)$ 称为解调信号。

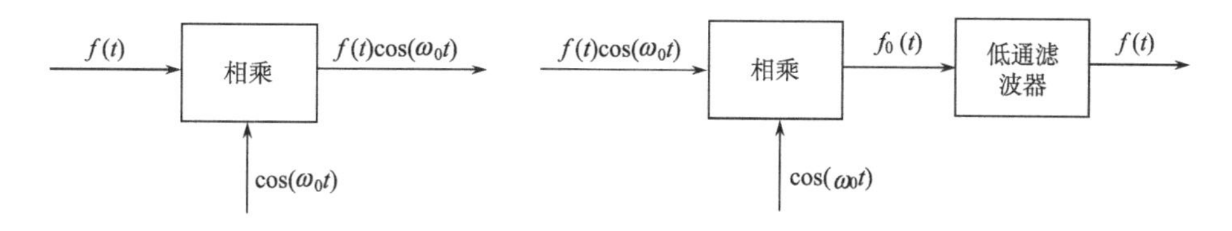

图 3-3-3　调制和解调的基本原理框图

三、实验内容

1. 在 MATLAB 中运行实验原理中所有例题源程序，调试验证仿真结果。

2. 已知某一二阶低通滤波器的频率响应为

$$H(\mathrm{j}\omega)=\frac{1}{0.06(\mathrm{j}\omega)^2+0.4(\mathrm{j}\omega)+1}$$

试画出该低通滤波器的幅频响应和相频响应的曲线。提示：利用函数 freqs(b，a，w)。

3. 三阶巴特沃斯(Butterworth)模拟低通滤波器的频率响应为

$$H(\mathrm{j}\omega)=\frac{1}{(\mathrm{j}\omega)^3+2(\mathrm{j}\omega)^2+2(\mathrm{j}\omega)+1}$$

试画出该低通滤波器的幅频响应和相频响应的曲线，并判断该系统是否是无失真系统。提示：利用函数 freqs(b，a，w)。

4. 利用 MATLAB 仿真绘制某一给定的矩形脉冲信号，并仿真实现在通过不同带宽的理想低通滤波器时的响应。

5. 假设调制信号为 $g(t)=2\cos(10t)+4\cos(20t)$，被调制成已调信号 $f(t)=g(t)\cos(100t)$。已调信号又被解调为 $g_0(t)=f(t)\cos(100t)$，并通过低通滤波器 $H(\mathrm{j}\omega)=\varepsilon(\omega+40)-\varepsilon(\omega-40)$ 恢复出调制信号 $g_1(t)$。请绘制上述各个信号的时域波形及其频谱图，并分析信号在调制和解调过程中发生的变化情况。

四、实验报告要求

1. 阐述实验目的和实验基本原理。

2. 按照实验内容分别编写出 MATLAB 程序的源代码，并调试产生运行结果，并对运行结果加以理论分析和说明。

3. 总结实验过程中的主要收获以及心得体会。

五、思考题

1. 系统函数的物理意义是什么？

2. 依据截止频率，滤波器的分类有哪些？分别具有什么特性？

3. 调制与解调的物理意义是什么？

3.4　连续时间信号的取样与恢复实验

一、实验目的

1. 理解和掌握连续时间信号的取样(理想、自然)模型及取样定理。
2. 掌握用 MATLAB 仿真验证奈奎斯特取样定理(时域取样、频域取样)。
3. 掌握取样信号恢复的原理，并用 MATLAB 仿真实现。

二、实验原理

1. 信号的取样

所谓信号的取样就是利用取样脉冲序列 $p(t)$ 从连续信号 $f(t)$ 中抽取出一系列的离散序列样值，这样的离散序列信号被称为“取样信号”，以 $f_s(t)$ 表示。一般采用等时间间隔取样。假设取样间隔为 T_s，取样频率为 ω_s，则取样信号的数学表达式为

$$f(k)=f(t)\big|_{t=kT_s}=f(kT_s)$$

例3-4-1　设连续时间信号为一个正弦信号 $f(t)=\sin\left(\frac{4}{5}\pi t+\frac{1}{3}\pi\right)$，取样周期为 $T_s=\frac{1}{8}$s，编程序绘制信号 $f(t)$ 和已取样信号 $f(kT_s)$ 的波形图。

MATLAB 源程序为

```
clear all; close all; clc;
t=0:0.01:20;
f=sin(4/5*pi*t+pi/3);
Ts=1/8;
k=0:80;
kTs=k*Ts;
fk=cos(0.5*pi*kTs);
subplot(2,1,1);
plot(t,f,'-k','linewidth',2);
title('连续时间信号f(t)');
xlabel('t');
ylabel('f(t)');
axis([0,20,-1.1,1.1]);
subplot(2,1,2);
stem(kTs,fk,'.','-k','linewidth',2);
```

```
title('f(t)的取样序列f(k)');
xlabel('k');
ylabel('f(k)');
axis([0,80*Ts,-1.1,1.1]);
```

程序运行后，仿真绘制的结果如图 3-4-1 所示。

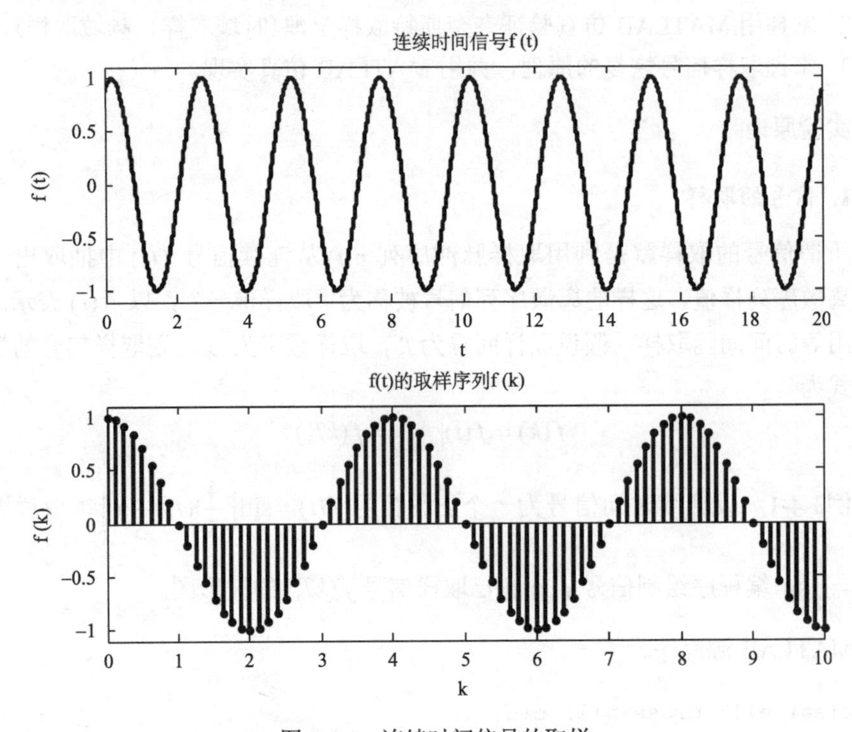

图 3-4-1　连续时间信号的取样

2. 取样信号的频谱及取样定理

假设某一连续时间信号 $f(t)$ 为带限信号，其频率范围为 $-\omega_m \sim \omega_m$，取样脉冲为理想单位冲激脉冲序列，取样信号 $f_s(t)$ 的傅里叶变换为

$$F_s(j\omega)=\frac{1}{T_s}\sum_{n=-\infty}^{\infty}F(j(\omega-n\omega_s))$$

式中，T_s 为取样周期(间隔)，ω_s 为取样角频率。从上式可以看出，取样信号的频谱等于原连续时间信号的频谱以取样频率 ω_s 为周期进行周期延拓(复制)的结果。

时域取样定理的描述：对一频带受限连续时间信号 $f(t)$，其频率范围为 $-\omega_m \sim \omega_m$，当取样频率 $\omega_s \geqslant 2\omega_m$ 时，取样而得到的离散时间序列 $f(k)$ 可以唯一地表示原连续时间信号。若不满足上述的取样频率条件，取样信号的频谱就会发生混叠。

例 3-4-2　已知连续时间信号 $f(t)=\mathrm{e}^{-0.5t}\varepsilon(t)$，对该信号进行取样，取样间隔为 $T_s=0.1\,\mathrm{s}$，并绘制取样信号的频谱图(要求：取样信号的频谱绘制三个周期即可)。

MATLAB 的源程序为

```
clear all; close all; clc;
tmax=4;
dt=0.01;
t=0:dt:tmax;
Ts=0.1;
ws=2*pi/Ts;
w0=20*pi;dw=0.1;
w=-2*w0:dw:2*w0;
k=0:1:tmax/Ts;
f=exp(-0.5*t).*(t>0);
fk=exp(-0.5*k*Ts);
subplot(2,2,1);
plot(t,f,'-k','linewidth',2);
title('连续时间信号f(t)');
xlabel('t');
ylabel('f(t)');
axis([0,tmax,0,1]);
subplot(2,2,3);
stem(k,fk,'.','-k','linewidth',2);
title('f(t)的采样序列f[k]');
xlabel('k');
ylabel('f(k)');
axis([0,tmax/Ts,0,1]);
Fa = f*exp(-j*t'*w)*dt;
F = 0;
for k = -2:2;
   F = F + f*exp(-j*t'*(w-k*ws))*dt;
end
subplot(2,2,2);
plot(w,abs(Fa),'-k','linewidth',2);
title('f(t)的幅度谱');
xlabel('ω/(rad/s)');
```

```
ylabel('|F(jω)|');
axis([-120,120,0,1.2*max(abs(Fa))]);
subplot(2,2,4);
plot(w,abs(F),'-k','linewidth',2);
title('f[k]的幅度谱');
xlabel('ω/(rad/s)');
ylabel('|F_s(jω)|');
axis([-120,120,0,1.2*max(abs(Fa))]);
```

程序运行后，仿真绘制的结果如图 3-4-2 所示。

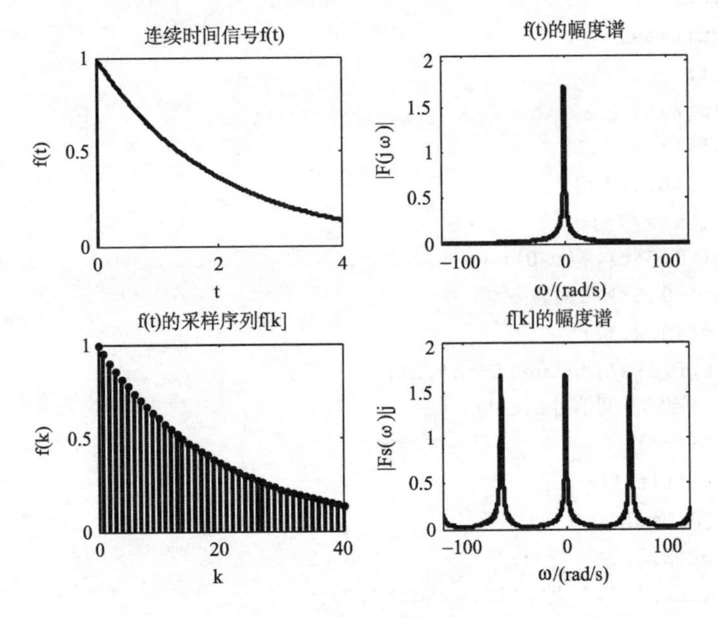

图 3-4-2 取样信号及其频谱

3. 取样信号恢复

在满足取样定理的条件下，可以唯一地由取样信号 $f(k)$ 恢复出原连续时间信号 $f(t)$。在理想情况下，可以将离散时间序列通过一个理想低通滤波器进行信号重建。

理想低通滤波器的输出信号为

$$f(t)=T_{\mathrm{s}}\cdot\frac{\omega_{\mathrm{c}}}{\pi}\sum_{n=-\infty}^{\infty}f(kT_{\mathrm{s}})\mathrm{Sa}\left[\omega_{\mathrm{c}}(t-kT_{\mathrm{s}})\right]$$

上式为一内插公式，也就是说，连续信号 $f(t)$ 可以展成取样函数的无穷级数，该级数的系数等于取样值 $f(kT_s)$，其中 ω_c 是低通滤波器的截止频率。

例 3-4-3　已知原始信号 $f(t)=\mathrm{Sa}(t/\pi)$，用 MATLAB 对其进行过取样，然后由取样信号重构原始信号，并求两信号的绝对误差(提示：根据内插公式来重构原始信号)。

MATLAB 的源程序为

```
clear all; close all; clc;
wm=1;
wc=wm;
Ts=1.01*pi/wm;
ws=2*pi/Ts;
k=-100:100;
kTs=k*Ts;
f=sinc(kTs/pi);
dt=0.005;t=-15:dt:15;
fa=f*Ts*wc/pi*sinc((wc/pi)*...
(ones(length(kTs),1)*t-kTs'*ones(1,length(t))));
error=abs(fa-sinc(t/pi));
t1=-15:0.5:15;
f1=sinc(t1/pi);
subplot(3,1,1);
stem(t1,f1,'.','-k','linewidth',2);
xlabel('kTs');
ylabel('f(kTs)');
title('采样信号');
axis([-15 15 -0.5 1.1]);
subplot(3,1,2);
plot(t,fa,'-k','linewidth',2);
xlabel('t');
ylabel('fa(t)');
title('过采样重构信号');
axis([-15 15 -0.5 1.1]);
subplot(3,1,3);
axis([-15 15 -0.5 1.1]);
plot(t,error,'-k','linewidth',2);
xlabel('t');
ylabel('error(t)');
title('绝对误差');
```

程序运行后，仿真绘制的信号的取样与重构结果如图 3-4-3 所示。

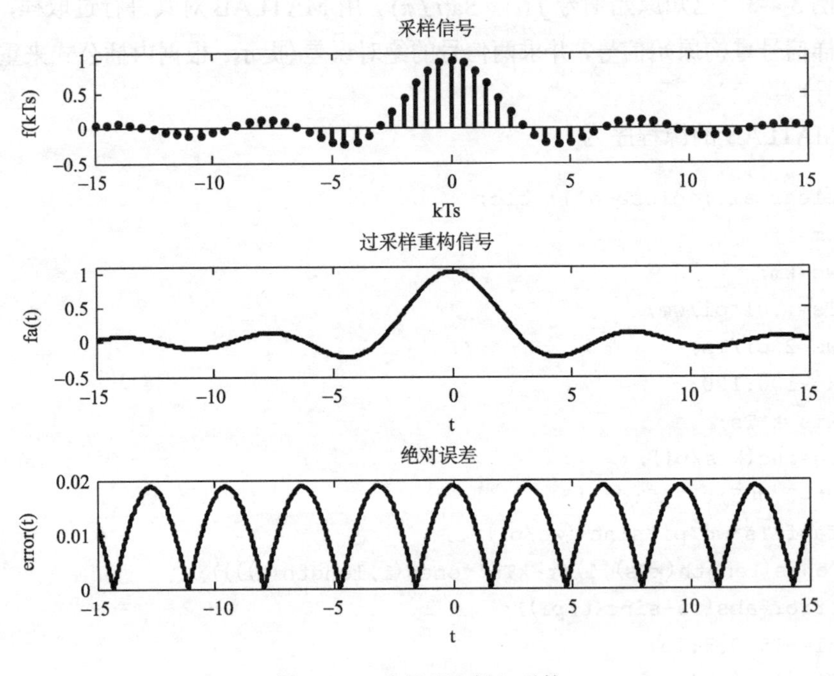

图 3-4-3　信号的取样与重构

三、实验内容

1. 在 MATLAB 中运行实验原理中所有例题源程序，调试验证仿真结果。

2. 已知信号 $f(t)=\sin\left(\frac{2}{3}\pi+\frac{\pi}{5}\right)$，当取样间隔分别为 $T_s=1\,\mathrm{s}$、$T_s=1.5\,\mathrm{s}$ 和 $T_s=2\,\mathrm{s}$ 时，利用 MATLAB 仿真绘制出取样信号序列及其频谱。

3. 人们可听到的声音频率在 0～22.05kHz，要从采样频率中理想恢复原信号，最小采样频率是 44.1kHz。选取一段 wav 格式的音乐，对其进行取样，要求取样频率为 44.1kHz。

(1) 利用 MATLAB 仿真绘制原始音乐信号和取样信号的频谱；

(2) 适当调整信号的采样频率(降低)，直到音乐听起来发生失真，若采样频率为 22kHz，分析信号频谱的变化情况；

(3) 适当调整信号的采样频率(提高)，分析信号频谱的变化情况，再对这段音乐进行试听，感觉效果如何？

四、实验报告要求

1. 阐述实验目的和实验基本原理。

2. 按照实验内容分别编写出 MATLAB 程序的源代码，调试产生运行结果，并对运行结果加以理论分析和说明。

3. 总结实验过程中的主要收获以及心得体会。

五、思考题

1. 在时域取样定理中，为什么要求被取样信号必须是带限信号？如果频带是无限的，应该如何处理？

2. 什么是临界采样？什么是过采样？什么是欠采样？

3. 信号重构的内插公式的物理意义是什么？

第四章 连续时间信号与系统的 s 域分析

4.1 拉普拉斯变换实验

一、实验目的

1. 掌握拉普拉斯变换的定义及收敛域问题。
2. 掌握拉普拉斯逆变换的求解方法。
3. 掌握用 MATLAB 仿真实现拉普拉斯变换。

二、实验原理

1. 拉普拉斯变换的定义、收敛域

连续时间信号的拉普拉斯变换对为

正变换：$F(s)=\int_0^{+\infty} f(t)\mathrm{e}^{-st}\,\mathrm{d}t$

逆变换：$f(t)=\dfrac{1}{2\pi\,\mathrm{j}}\int_{\sigma-\mathrm{j}\infty}^{\sigma+\mathrm{j}\infty} F(\mathrm{j}\omega)\mathrm{e}^{st}\mathrm{d}s$

$f(t)$ 和 $F(s)$ 之间的关系简记为 $f(t)\leftrightarrow F(s)$。

收敛域的问题：

$$\lim_{t\to\infty}\left|f(t)\right|\mathrm{e}^{-\sigma t}=0\,,\quad \sigma>\sigma_0$$

在 MATLAB 中，调用函数 laplace 和 ilaplace 分别实现拉普拉斯变换的正逆变换。

laplace 函数实现连续时间信号的单边拉普拉斯变换，调用格式为

Fs=laplace(ft, s, t)

其中，ft 为信号 $f(t)$ 的时域符号表达式，t 为积分变量，s 为复频率，Fs 为 $f(t)$ 的拉普拉斯变换 $F(s)$。

ilaplace 函数实现计算拉普拉斯逆变换，调用格式为

ft=ilaplace(Fs, s, t)

其中，Fs 为 $f(t)$ 的拉普拉斯变换 $F(s)$，ft 为信号 $f(t)$ 的时域符号表达式，t 为积分变量，s 为复频率。

特别注意的是：以上两个函数都是基于符号运算的，运算的结果不是向量，而是符号表达式。

例 4-1-1　求信号 $f(t)=\mathrm{e}^{-2t}\varepsilon(t)$ 的拉普拉斯变换。

MATLAB 程序为

```
clear all; close all; clc;
syms t s;
ft=exp(-2*t);
Fs=laplace(ft,t,s)
```

运行后的结果为

```
F
 =1/(s + 2)
```

例 4-1-2　求 $F(s)=\dfrac{4s+5}{s^2+5s+6}$ 的拉普拉斯反变换。

MATLAB 程序为

```
clear all; close all; clc;
syms t s;
Fs=sym('(4*s+5)/(s^2+5*s+6)') ;
ft=ilaplace(Fs,s,t)
```

运行后的结果为

```
ft =
 =7/exp(3*t) - 3/exp(2*t)
```

2. 拉普拉斯变换 $F(s)$ 的因式分解

拉普拉斯变换 $F(s)$ 是 s 的有理分式，一般具有如下形式：

$$F(s)=\frac{B(s)}{A(s)}=\frac{b_m s^m+b_{m-1}s^{m-1}+\cdots+b_1 s+b_0}{s^n+a_{n-1}s^{n-1}+\cdots+a_1 s+a_0}$$

式中，系数 $a_i(i=0,1,\cdots,n)$，$b_j(j=0,1,\cdots,m)$ 均为实数，n 和 m 是正整数。

如果没有重根，展开式为

$$F(s)=\frac{B(s)}{A(s)}=\frac{K_1}{s-s_1}+\frac{K_2}{s-s_2}+\cdots+\frac{K_i}{s-s_i}+\cdots+\frac{K_n}{s-s_n}=\sum_{i=1}^{n}\frac{K_i}{s-s_i}$$

$$K_i=(s-s_i)F(s)\big|_{s=s_i}=\lim_{s\to s_i}\left[(s-s_i)\frac{B(s)}{A(s)}\right]$$

$$f(t)=L^{-1}\left[F(s)\right]=\sum_{i=1}^{n}K_i\,\mathrm{e}^{s_i t}\,\varepsilon(t)$$

如果有 r 重根，s_1 是 r 重极点，则展开式包含

$$F(s)=\frac{B(s)}{A(s)}=\frac{K_{11}}{(s-s_1)^r}+\frac{K_{12}}{(s-s_1)^{r-1}}+\cdots+\frac{K_{1r}}{s-s_1}+\frac{B_2(s)}{A_2(s)}=F_1(s)+F_2(s)$$

$$K_{11}=\left[(s-s_1)^r F(s)\right]\Big|_{s=s_1}$$

$$K_{12}=\frac{\mathrm{d}}{\mathrm{d}s}\left[(s-s_1)^r F(s)\right]\Big|_{s=s_1}$$

$$K_{1i}=\frac{1}{(i-1)!}\frac{\mathrm{d}^{i-1}}{\mathrm{d}s^{i-1}}\left[(s-s_1)^r F(s)\right]\Big|_{s=s_1}$$

$$f_1(t)=L^{-1}\left[F_1(s)\right]=\left[\sum_{i=1}^{r}\frac{K_{1i}}{(r-i)!}t^{r-i}\right]\mathrm{e}^{s_1 t}\,\varepsilon(t)$$

在 MATLAB 中，调用函数 residue() 可以得到复频域表达式 $F(s)$ 的部分分式展开式(因式分解)，求得有理分式的极点、留数和增益(直接项)，其调用格式为

[r, p, k]=residue(b, a)

其中，b，a 分别为 $F(s)$ 分子多项式和分母多项式的系数向量(按 s 的降幂排列)；向量 r 为部分分式展开式的系数(留数)；向量 p 为与 r 对应的极点；k 为多项式的系数(增益)，也是直接项，若 $F(s)$ 为真分式，则 k 为 0。

特别注意的是：有重根时对应的多项式以升幂顺序排列；函数 residue() 仅仅完成了部分分式分解的任务，逆变换的数学表达式可以根据 r, p, k 的值写出。

例 4-1-3　已知 $F(s)=\dfrac{s^2+4s+5}{s^2+5s+6}$，求其部分分式展开式。

MATLAB 程序为

```
clear all; close all; clc;
b=[1 4 5]                %F(s)表达式分子式的系数向量
a=[1 5 6]                %F(s)表达式分母式的系数向量
[r,p,k]=residue(b,a)     %F(s)的部分分式展开
```

运行后的结果为：

```
r =
   -2.0000
    1.0000
p =
   -3.0000
   -2.0000
k =
     1
```

由运行结果可见，$F(s)$ 有两个极点，分别是 $p_1=-3$ 和 $p_2=-2$，所对应的系数分别是 $r_1=-2$ 和 $r_2=1$，直接项是 $k=1$，所以，$F(s)$ 的部分分式展开式为

$$F(s)=1+\frac{-2}{s+3}+\frac{1}{s+2}$$

三、实验内容

1. 在 MATLAB 中运行实验原理中所有例题源程序，调试验证仿真结果。
2. 求下列函数 $f(t)$ 的拉普拉斯变换 $F(s)$。

(1) $f(t)=[1-\mathrm{e}^{-t}]\varepsilon(t)$；　　(2) $f(t)=[1-2\mathrm{e}^{-t}+\mathrm{e}^{-2t}]\varepsilon(t)$；

(3) $f(t)=[3\sin t+2\cos t]\varepsilon(t)$；　　(4) $f(t)=\mathrm{e}^{-t}\sin(2t)\varepsilon(t)$；

(5) $f(t)=t\,\mathrm{e}^{-2t}\,\varepsilon(t)$；　　(6) $f(t)=t^2\cos(t)\varepsilon(t)$；

(7) $f(t)=t\,\mathrm{e}^{-t}\cos(2t)\varepsilon(t)$；　　(8) $f(t)=2\delta(t)-\mathrm{e}^{-t}\,\varepsilon(t)$。

3. 求下列象函数 $F(s)$ 的拉普拉斯逆变换 $f(t)$。

(1) $F(s)=\dfrac{s^2+4s+5}{s^2+3s+2}$；　　(2) $F(s)=\dfrac{s}{(s+2)(s+4)}$；

(3) $F(s)=\dfrac{2s+4}{s(s^2+4)}$；　　(4) $F(s)=\dfrac{s+5}{s(s^2+2s+5)}$；

(5) $F(s)=\dfrac{2s+4}{s(s^2+4)}$；　　(6) $F(s)=\dfrac{s^2+4s}{(s+1)(s^2-4)}$；

(7) $F(s)=\dfrac{s^2-4}{(s^2+4)^2}$；　　(8) $F(s)=\dfrac{5}{s^3+s^2+4s+4}$。

四、实验报告要求

1. 阐述实验目的和实验基本原理。
2. 按照实验内容分别编写出 MATLAB 程序的源代码，并调试产生运行结果，并对运行结果加以理论分析和说明。
3. 总结实验过程中的主要收获以及心得体会。

五、思考题

1. 信号的拉普拉斯变换的物理意义是什么？
2. 傅里叶变换与拉普拉斯变换的对应关系是什么？
3. 拉普拉斯变换的表达式在部分分式展开遇到复根时应注意什么？

4.2　连续时间系统的 s 域分析实验

一、实验目的

1. 掌握连续时间系统的拉普拉斯变换的分析方法。
2. 掌握系统函数以及零点、极点的基本概念。
3. 掌握连续系统的系统函数的零极点分布与系统特性的关系。
4. 掌握利用 MATLAB 实现连续时间系统的 s 域分析。

二、实验原理

拉普拉斯变换有两个主要的用途：求解微分方程和分析系统特性。求解常系数线性微分方程的时候，需要利用拉普拉斯逆变换求出时域的表达式。

1. 系统函数

描述某一个连续时间线性时不变系统的常系数线性微分方程的系统函数 $H(s)$ 定义为

$$H(s)=\frac{Y(s)}{F(s)}=\frac{\text{系统零状态响应的拉普拉斯变换}}{\text{系统激励的拉普拉斯变换}}$$

还可以根据描述系统的常系数线性微分方程，经过拉氏变换之后得到系统函数 $H(s)$。描述该系统的常系数线性微分方程为

$$\sum_{i=0}^{N}a_i y^{(i)}(t)=\sum_{j=0}^{M}b_j f^{(j)}(t)$$

对两边做拉普拉斯变换，则有

$$\sum_{i=0}^{N}a_i s^i Y(s)=\sum_{j=0}^{M}b_j s^j F(s)$$

即

$$H(s)=\frac{Y(s)}{F(s)}=\frac{\sum_{j=0}^{M}b_j s^j}{\sum_{i=0}^{N}a_i s^i}$$

由上式可见，可以很容易根据微分方程写出系统函数表达式，或者根据系统函数表达式写出系统的微分方程。系统函数 $H(s)$ 决定了系统的特性。若系统函数和输入信号已知，则系统的零状态响应的拉普拉斯变换为 $Y(s)=F(s)H(s)$。

系统函数的实质就是系统单位冲激响应 $h(t)$ 的拉普拉斯变换。因此，系统函数也可以定义为

$$H(s)=\int_{-\infty}^{\infty}h(t)\mathrm{e}^{-st}\,\mathrm{d}t$$

2. 系统函数的零极点分布

系统函数 $H(s)$ 是 s 的有理分式，对其分子和分母分别进行因式分解，有

$$H(s)=\frac{K\prod_{j=1}^{m}(s-z_j)}{\prod_{i=1}^{n}(s-p_i)}$$

式中，z_j 表示零点，p_i 表示极点。系统函数的零极点分布图能够直观地表示系统的零点和极点在 s 平面上的位置。对于一个连续时间线性时不变系统，它的时域特性、频域特性和稳定性完全由它的零极点分布所决定。

在 MATLAB 中，调用函数 tf2zp()进行求解系统函数的零极点，调用格式为

[z, p, k]=tf2zp(b, a)

其中，b 为系统函数 $H(s)$ 分子多项式的系数向量；a 为系统函数 $H(s)$ 分母多项式系数向量；z 为零点向量；p 为极点向量；k 为系统传递函数的零极点形式的增益，若 $F(s)$ 为真分式，则 k 为 0。

同样，也可以先利用 roots()函数，分别求出分子和分母多项式的根，即零点和极点，然后再用 plot()函数画零极点分布。还可以调用函数 zero(sys)和 pole(sys)直接计算零、极点，其中 sys 表示系统函数，sys=tf(num,den)。函数 pzmap(sys)直接绘制系统的零极点分布图。

例 4-2-1　求象函数 $F(s)=\dfrac{s^2+4s+5}{s^2+5s+6}$ 的零点、极点，并绘制零极点分布图。

MATLAB 源程序为

```
clear all; close all; clc;
b=[1 4 5]     %F(s)表达式分子式的系数向量
a=[1 5 6]     %F(s)表达式分母式的系数向量
[z,p,k] = tf2zp(b,a)    %调用函数求解零极点
disp('零点: ');disp(z');
disp('极点: ');disp(p');
disp('极点: ');disp(k');
zplane(z,p);
```

程序运行后的结果为

```
z =
  -2.0000 + 1.0000i
  -2.0000 - 1.0000i
p =
   -3.0000
   -2.0000
k =
     1
```

零点:

```
  -2.0000 - 1.0000i  -2.0000 + 1.0000i
```

极点:

```
   -3.0000  -2.0000
```

直接项:

```
     1
```

系统的零、极点分布如图 4-2-1 所示。

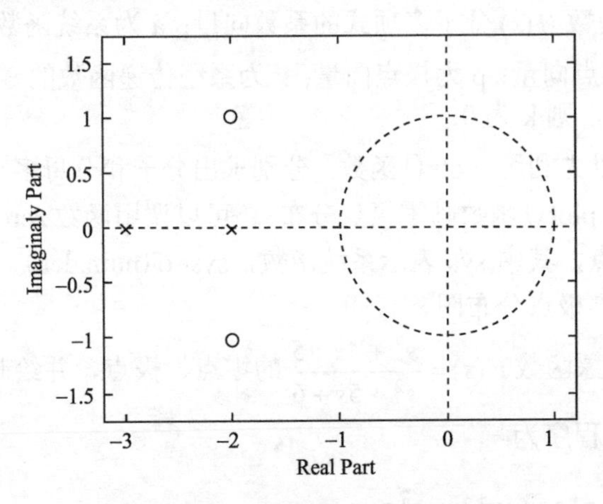

图 4-2-1　象函数的零极点分布图

3. 系统函数的零极点分布决定时域特性

系统函数 $H(s)$ 的零点、极点分布是和系统的时域响应(单位冲激响应) $h(t)$ 的特性相对应的。

在 MATLAB 中，调用 impulse()函数求系统的单位冲激响应，调用格式为

H=impulse(b, a)

其中，b 为系统函数 $H(s)$ 分子多项式的系数向量；a 为系统函数 $H(s)$ 分母多项式系数向量；H 为返回的冲激响应的向量值。

4. 系统函数的零极点分布决定频域特性

系统函数 $H(s)$ 的零点、极点分布还决定系统函数的频响特性 $H(\mathrm{j}\omega)$。频响特性指系统在正弦信号激励下稳态响应随信号频率的变化情况。

$$H(\mathrm{j}\omega)=H(s)\big|_{s=\mathrm{j}\omega}=|H(\mathrm{j}\omega)|\mathrm{e}^{\mathrm{j}\varphi(\omega)}$$

式中，$|H(j\omega)|$ 为幅频特性，$\varphi(\omega)$ 为相频特性。

在 MATLAB 中，调用 freqs() 函数求系统的频率响应，并绘制幅频特性和相频特性的曲线，调用格式为

H=freqs(b，a，w)

其中，b 为系统函数 $H(s)$ 分子多项式的系数向量；a 为系统函数 $H(s)$ 分母多项式系数向量；H 为频率向量规定的范围内的频率响应向量值；W 为输入参数时，返回指定频段 W 上的频率矢量 H。

例4-2-2 已知某线性时不变系统的系统函数 $H(s)=\dfrac{s-1}{s^2+2s+1}$，求该系统的单位冲激响应和频率响应，并用 MATLAB 绘制它们的曲线。

MATLAB 源程序为

```
clear all; close all; clc;
b=[0 1 -1]     %F(s)表达式分子式的系数向量
a=[1 2 1]      %F(s)表达式分母式的系数向量
figure(1);
H=impulse(b,a);        %调用函数求冲激响应
plot(H,'-k','linewidth',2);
title('单位冲激响应');
axis([0 1000 -0.5 1]);
figure(2);
[H,w]=freqs(b,a);        %调用函数求频率响应
plot(w,abs(H),'-k','linewidth',2);
xlabel('ω rad/s');
ylabel('幅度');
title('幅频响应');
figure(3);
plot(w,angle(H),'-k','linewidth',2);
xlabel('ω rad/s');
ylabel('相位');
```

```
title('相频响应');
```

程序运行后，系统的单位冲激响应和频率响应如图 4-2-2 所示。

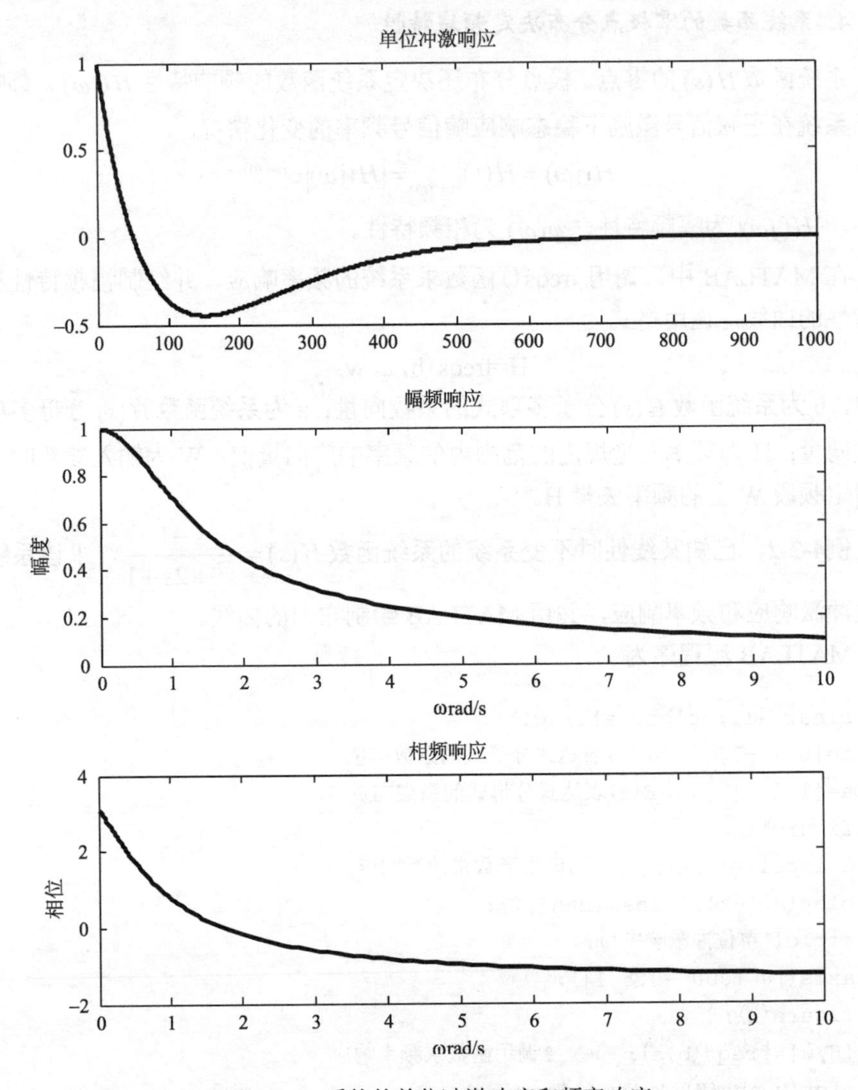

图 4-2-2　系统的单位冲激响应和频率响应

5. 系统函数的零极点分布决定稳定性

对于一个因果系统来说，当该系统的系统函数的全部极点都落在 s 平面的左半平面时，系统是稳定的；否则，系统是不稳定的。

三、实验内容

1. 设系统函数为 $H(s)=\dfrac{s-1}{s^2+3s+2}$，求出该系统的零点、极点，并绘制出系统的零点、极点分布图。

2. 已知某一个线性时不变系统的系统函数为

$$H(s)=\frac{s^2+s+1}{s^3+2s^2+2s+1}$$

试绘制出该系统的零点、极点分布图，并绘制出该系统的单位冲激响应和频率响应(幅频响应和相频响应)，进而判断系统的稳定性。

四、实验报告要求

1. 阐述实验目的和实验基本原理。
2. 按照实验内容分别编写出 MATLAB 程序的源代码，并调试产生运行结果，并对运行结果加以理论分析和说明。
3. 总结实验过程中的主要收获以及心得体会。

五、思考题

1. 频域分析法和复频域分析法有何异同？
2. 总结说明如何利用 $H(s)$ 的零极点分布分析系统的时域与频域特性。
3. 系统函数 $H(s)$ 的极点分布与系统稳定性的关系是什么？

第五章　离散时间系统的 z 域分析

5.1　z 变换实验

一、实验目的

1. 掌握离散时间序列 z 变换的定义及其收敛域问题。
2. 掌握典型离散时间序列的 z 变换的一般表达式。
3. 掌握求解逆 z 变换的基本方法。
4. 掌握用 MATLAB 仿真实现离散时间序列 z 变换。

二、实验原理

1. z 变换的定义

离散时间序列 $f(k)$ 的 z 变换也有双边 z 变换和单边 z 变换之分，它们的定义分别如下：

$$\text{双边 } z \text{ 变换：} F(z)=\sum_{k=-\infty}^{\infty} f(k) z^{-k}$$

$$\text{单边 } z \text{ 变换：} F(z)=\sum_{k=0}^{\infty} f(k) z^{-k}$$

式中，z 为复变量。可见，对于因果序列 $f(k)$ 来说，双边 z 变换和单边 z 变换是等同的。$f(k)$ 和 $F(z)$ 之间的关系可以简记为 $f(k) \leftrightarrow F(z)$。

由定义式可以看出，z 变换其实是 z 的幂级数，显然仅当该幂级数收敛时，z 变换才存在。幂级数收敛的复变量 z 在 z 平面上的取值范围，称为 z 变换的收敛域(Region of Convergence，ROC)，一般表示为：$\alpha \leqslant |z| \leqslant \beta$。

在 MATLAB 中，调用函数 ztrans()来计算序列的 z 变换，调用格式为：FZ=ztrans(fk)，其中 fk 和 FZ 分别为时域表示式和 z 域表示式的符号表示，在调用该函数时须用 syms 函数声明符号变量。

例 5-1-1　用 MATLAB 计算下列离散序列的 z 变换。

(1) $f(k)=\left(\frac{1}{2}\right)^{k} \varepsilon(k)$；　(2) $f(k)=\frac{k(k-1)}{2}$；　(3) $f(k)=\cos(2k) \varepsilon(k)$。

解　(1) 计算 z 变换的源程序为

```
clear all;
syms k;                %声明符号变量
fk=(1/2)^k;            %序列表达式
FZ=ztrans(fk)          %调用函数
```

运行后的结果为:

```
FZ =
 z/(z - 1/2)
```

即上式的 z 变换为

$$f(k)=\left(\frac{1}{2}\right)^k \varepsilon(k) \leftrightarrow F(Z)=\frac{z}{z-\dfrac{1}{2}}$$

(2) 计算 z 变换的源程序为

```
clear all;
syms k;
fk=k*(k-1)/2;
FZ=ztrans(fk)
FZ1=simplify(FZ)    %将FZ的表达式进行简化得到FZ1
```

运行后的结果为

```
FZ =
 (z*(z + 1))/(2*(z - 1)^3) - z/(2*(z - 1)^2)
 FZ1 =
 z/(z - 1)^3
```

即上式的 z 变换为

$$f(k)=\frac{k(k-1)}{2} \leftrightarrow F(Z)=\frac{z(z+1)}{2(z-1)^3}-\frac{z}{2(z-1)^2}=\frac{z}{(z-1)^3}$$

(3) 计算 z 变换的源程序为

```
clear all;
syms k;
fk=cos(2*k);
FZ=ztrans(fk)
```

运行后的结果为

```
FZ =
```

```
(z*(z - cos(2)))/(z^2 - 2*cos(2)*z + 1)
```

即上式的 z 变换为

$$f(k)=os(2k)\varepsilon(k)\leftrightarrow F(Z)=\frac{z(z-\cos(2))}{z^2-2z\cos(2)+1}$$

2. 逆 z 变换

已知函数 $F(z)$ 及其收敛域，则求序列 $f(k)$ 的变换称为逆 z 变换，定义表达式为

$$f(k)=\frac{1}{2\pi j}\oint_C F(z)z^{k-1}\,\mathrm{d}z$$

即对 $F(z)z^{k-1}$ 作围线积分，其中 C 是在 $F(z)$ 的收敛域内一条逆时针的闭合曲线。

求解单边逆 z 变换的常用方法有查表法、幂级数展开法(长除法)、部分分式展开法以及反演积分法(留数法)等。

在 MATLAB 中，调用函数 iztrans()来计算序列的逆 z 变换，调用格式为：fk = iztrans(FZ)，其中 fk 和 FZ 分别为时域表示式和 z 域表示式的符号表示。

例 5-1-2　用 MATLAB 计算下列离散序列的 z 变换。

(1) $F(z)=\dfrac{z}{(z-1)^2}$；　　(2) $F(z)=\dfrac{z^2}{(z-1)\left(z-\dfrac{1}{2}\right)}$。

解　(1)计算逆 z 变换的源程序为

```
clear all;
syms z
FZ=z/(z-1)^2;
fk=iztrans(FZ)
```

运行后的结果为

```
fk =
 k
```

即上式的逆 z 变换为

$$F(Z)=\frac{z}{(z-2)^2}\leftrightarrow f(k)=k\varepsilon(k)$$

(2) 计算逆 z 变换的源程序为

```
clear all;
syms z
FZ=z^2/((z-1)*(z-1/2));
fk=iztrans(FZ)
```

运行后的结果为

```
fk =
 2 - (1/2)^k
```

即上式的逆 z 变换为

$$F(z)=\frac{z^2}{(z-1)\left(z-\frac{1}{2}\right)} \leftrightarrow f(k)=\left(2-\left(\frac{1}{2}\right)^k\right)\varepsilon(k)$$

信号的 z 变换的象函数是 z 的有理分式，一般具有如下形式：

$$F(z)=\frac{B(z)}{A(z)}=\frac{b_m z^m+b_{m-1}z^{m-1}+\cdots+b_1 z+b_0}{z^m+a_{n-1}z^{n-1}+\cdots+a_1 z+a_0}$$

式中，$A(z)$、$B(z)$ 分别为 $F(z)$ 的分母和分子多项式。

在 MATLAB 中，提供了函数 residuez()来求逆 z 变换。函数 residuez()适合计算离散系统有理函数的留数和极点，可以用于求解序列的逆 z 变换，其基本调用格式为

[r,p,k]=residuez(b,a)

其中，b 为分子多项式的系数向量；a 为分母多项式的系数向量；这些多项式都是按 z 的降幂排列；r 是极点的留数向量；p 是极点向量；k 是多项式直接形式的系数向量，若 $F(z)$ 为真分式，则 k 为[0]。

例 5-1-3　计算 $F(z)=\frac{z}{2z^2-3z+1}$ 的逆 z 变换。

解　有理分式 $F(z)$ 的分子和分母多项式都按 z 的降幂排列为

$$F(z)=\frac{z}{2z^2-3z+1}=\frac{z^{-1}}{2-3z^{-1}+z^{-2}}$$

MATLAB 源程序为

```
clear all; close all; clc;
b=[0,1];                  %多项式的系数
a=[2,-3,1];                %求留数、极点和系数项
[r,p,c]=residuez(b,a);        %显示输出参数
disp('留数r: ');disp(r');
disp('极点p: ');disp(p');
```

```
disp('系数项k: ');disp(k');
```

运行后的结果如下。

```
留数r:
    1    -1
极点P:
    1.0000    0.5000
系数项k:
  0
```

根据程序运行结果得

$$F(z)=\frac{1}{1-z^{-1}}+\frac{-1}{1-0.5z^{-1}}，\quad f(k)=[1-(0.5)^k]\varepsilon(k)$$

三、实验内容

1. 在 MATLAB 中运行实验原理中所有例题源程序，调试验证仿真结果。
2. 计算下列各序列 $f(k)$ 的 z 变换，并说明收敛域。

(1) $f(k)=\left(\frac{1}{4}\right)^k\varepsilon(k)$；

(2) $f(k)=\left(-\frac{1}{4}\right)^k\varepsilon(k)$；

(3) $f(k)=\left[\left(\frac{1}{4}\right)^k+\left(\frac{1}{5}\right)^{-k}\right]\varepsilon(k)$；

(4) $f(k)=\cos\left(\frac{k\pi}{6}\right)\varepsilon(k)$；

(5) $f(k)=\sin\left(\frac{k\pi}{4}+\frac{\pi}{3}\right)\varepsilon(k)$；

(6) $f(k)=\cosh(2k)\varepsilon(k)$。

3. 计算下列象函数 $F(z)$ 的逆 z 变换。

(1) $F(z)=\dfrac{1}{1-\frac{1}{2}z^{-1}}$，$|z|>0.5$；

(2) $F(z)=\dfrac{3+z^{-1}}{1+\frac{1}{2}z^{-1}}$，$|z|>0.5$；

(3) $F(z)=\dfrac{z^2+z+1}{z^2+z-2}$，$|z|>2$；

(4) $F(z)=\dfrac{z^2}{(z-0.5)(z-0.25)}$，$|z|>0.5$；

(5) $F(z)=\dfrac{z^2}{z^2+3z+2}$，$|z|>2$。

4. 已知象函数 $F(z)=\dfrac{z^2}{(z+1)(z-2)}$，当其收敛域分别为 $|z|>2$、$|z|<1$ 与 $1<|z|<2$ 时，分别求逆 z 变换序列。

四、实验报告要求

1. 阐述实验目的和实验基本原理。
2. 写出 z 变换的基本求解方法，编写 MATLAB 程序，绘制变换后的 z 域波形图。
3. 写出逆 z 变换的基本求解方法，编写 MATLAB 程序，计算求解结果。
4. 对实验结果进行理论分析与总结。
5. 总结实验过程中的主要收获以及心得体会。

五、思考题

1. 离散序列一般分为哪几类？它们的 z 变换的收敛域有何不同？
2. 对于 z 变换的移位特性，双边 z 变换和单边 z 变换有什么区别？为什么？

5.2　离散时间系统的 z 域分析实验

一、实验目的

1. 掌握离散时间系统响应的 z 变换分析方法。
2. 掌握离散系统的系统函数和频率响应的基本概念。
3. 掌握离散系统的系统函数的零极点与系统特性的关系。
4. 掌握利用 MATLAB 仿真实现离散时间系统的 z 域分析。

二、实验原理

1. *差分方程的 z 域解*

线性时不变离散时间系统的差分方程描述为

$$\sum_{j=0}^{n} a_{n-j} y(k-j) = \sum_{i=0}^{m} b_{m-i} f(k-i)$$

对其两端分别取 z 变换，并整理得

$$Y(z) = Y_{zi}(z) + Y_{zs}(z) = \frac{M(z)}{A(z)} + \frac{B(z)}{A(z)} F(z)$$

式中，$Y_{zi}(z) = \frac{M(z)}{A(z)}$，$Y_{zs}(z) = \frac{B(z)}{A(z)} F(z)$，$A(z) = \sum_{j=0}^{n} a_{n-j} z^{-j}$，$B(z) = \sum_{i=0}^{m} b_{m-i} z^{-i}$，$M(z) = -\sum_{j=0}^{n} a_{n-j} \left[\sum_{k=0}^{j-1} y(k-j) z^{-k} \right]$。

对上式取逆变换，得离散时间系统的全响应

$$y(k) = y_{zi}(k) + y_{zs}(k)$$

式中，

$$y_{zi}(k) = Z^{-1}\left[Y_{zi}(z)\right] = Z^{-1}\left[\frac{M(z)}{A(z)}\right]$$

$$y_{zs}(k) = Z^{-1}\left[Y_{zs}(z)\right] = Z^{-1}\left[\frac{B(z)}{A(z)} F(z)\right]$$

在 MATLAB 中，可以利用函数 filtic()和函数 filter()求解差分方程的全解，即离散时间系统在输入和初始状态作用下的响应。函数 filtic()用于为函数 filter()选择初始条件，调用格式为：zi=filtic(b,a,y0,f0)，[y,Zf]=filter(b,a,f,Zi)。

例5-2-1 求解差分方程 $y(k) - 0.4y(k-1) - 0.45y(k-2) = 0.45f(k) + 0.4f(k-1) - f(k-2)$，其中 $f(k) = 0.7^k \varepsilon(k)$，初始状态 $y(-1) = 0$，$y(-2) = 1$，$f(-1) = 1$，$f(-2) = 2$。

解 将差分方程两边进行 z 变换得

$$H(z) = \frac{Y(z)}{F(z)} = \frac{0.45 + 0.4z^{-1} - z^{-2}}{1 - 0.4z^{-1} - 0.45z^{-2}}$$

MATLAB 源程序为

```
clear all; close all; clc;
b=[0.45,0.4,-1];
a=[1,-0.4,-0.45];
f0=[1,2];
y0=[0,1];
K=50;
k=[0:K-1];
```

```
f=0.7.^k;
Zi=filtic(b,a,y0,f0);
[y,Zf]=filter(b,a,f,Zi);
stem(k,y,'filled','-k','linewidth',2);
xlabel('k');
ylabel('y(k)');
axis([0 K -1.21 0]);
```

程序运行后，仿真结果如图 5-2-1 所示。

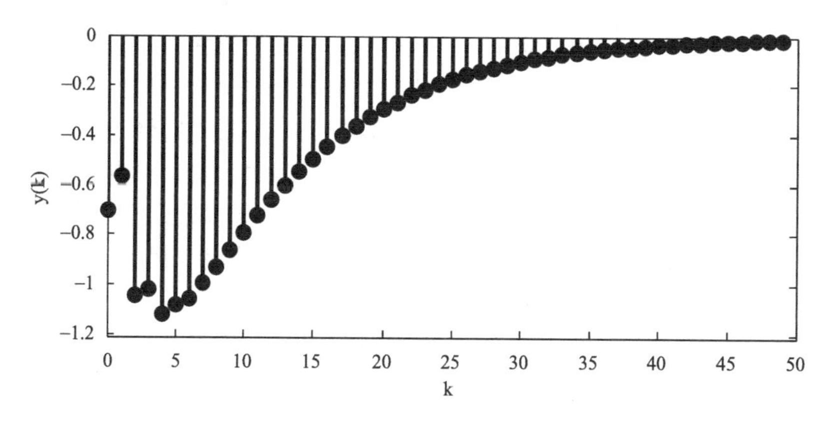

图 5-2-1　差分方程的 z 变换求解

2. 系统函数

描述一个线性时不变离散时间系统的系统函数 $H(z)$ 定义为：系统零状态响应的象函数与激励的象函数之比，即

$$H(z)=\frac{Y_{zs}(z)}{F(z)}=\frac{B(z)}{A(z)}$$

系统函数 $H(z)$ 决定了系统的特性。若系统函数和输入信号已知，则系统的零状态响应的 z 变换为

$$Y_{zs}(z)=H(z)F(z)$$

可以很容易地根据差分方程写出系统函数表达式，或者根据系统函数表达式写出系统的差分方程。实质上，系统函数就是系统的单位冲激响应 $h(k)$ 的 z 变换，故系统函数也可以表示为

$$H(z)=\sum_{k=0}^{\infty}h(k)z^{-k}$$

3. 系统函数的零极点分布

系统函数是 z 的有理分式，对分子和分母分别进行因式分解有

$$H(z)=\frac{b_m\prod_{i=0}^{m}\left(1-z_i z^{-1}\right)}{\prod_{j=0}^{n}\left(1-p_j z^{-1}\right)}$$

式中，z_i 表示零点，p_j 表示极点。系统函数的零极点图能够直观地表示系统的零点和极点在 z 平面上的位置。对于一个线性时不变离散系统，它的时域特性、频域特性、稳定性和因果性完全由它的零极点分布所决定。

MATLAB 中有相应的函数 tf2zp( ) 和 zp2tf( ) 来实现求解系统函数的零极点。函数 tf2zp( ) 用于确定有理 z 变换式的零点、极点和增益，其调用格式为：[z,p,k] = tf2zp(b,a)，其中输入参数 b 为分子多项式系数；a 为分母多项式的系数，都按 z 的降幂排列；输出参数 z 是 z 变换的零点；p 是极点，k 是增益。函数 zp2tf 用于由 z 变换的零点、极点和增益确定 z 变换式的系数，调用格式为：[b,a]=zp2tf(z,p,k)。也可以利用 roots 函数，求出分子和分母多项式的根，即零点和极点，再用 plot 函数画图。函数 zplane(b,a) 在 z 平面上直接绘制系统的零极点分布图。

例5-2-2 已知线性时不变系统的差分方程 $y(k)-y(k-1)+0.6y(k-2)=2f(k)+1.6f(k-1)$，求该系统的系统函数以及零、极点。

解 将差分方程两边进行 z 变换得系统函数：

$$H(z)=\frac{Y(z)}{F(z)}=\frac{2+1.6z^{-1}}{1-z^{-1}+0.6z^{-2}}$$

MATLAB 源程序为

```
clear all; close all; clc;
b=[2,1.6,0];
a=[1,-1,0.6];
[z,p,k]=tf2zp(b,a);
disp('零点: ');disp(z');
disp('极点: ');disp(p');
disp('直接项: ');disp(k');
zplane(z,p);
axis([-1.25,1.25,-1.25,1.25])
```

程序运行后的结果如下。

零点：

```
 0    -0.8000
```

极点：

```
 0.5000 - 0.5916i   0.5000 + 0.5916i
```

直接项：

```
 2
```

系统零、极点分布如图 5-2-2 所示。

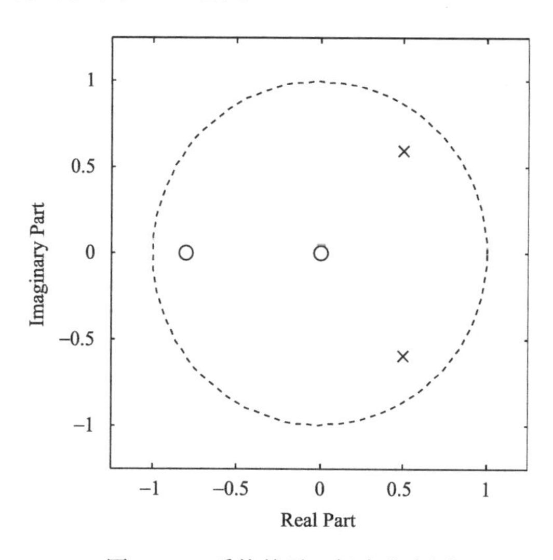

图 5-2-2　系统的零、极点分布图

4. 系统函数零极点分布决定时域特性

系统函数 $H(z)$ 的一些特点是和系统的时域响应 $h(k)$ 的特点相对应的。

H= impz(num,den)：求系统的单位冲激响应，不带返回值，则直接绘制响应曲线，带返回值则将冲激响应值存于向量 $\boldsymbol{H}$ 之中。

5. 系统函数零极点分布决定频域特性

系统函数 $H(z)$ 还决定系统函数的频响特性 $H(\mathrm{e}^{\mathrm{j}\omega})$。频响特性指离散系统在正弦序列作用下稳态响应随信号频率的变化情况。

$$H(z)\big|_{z=\mathrm{e}^{\mathrm{j}\omega}} = H(\mathrm{e}^{\mathrm{j}\omega}) = \left|H(\mathrm{e}^{\mathrm{j}\omega})\right|\mathrm{e}^{\mathrm{j}\varphi(\omega)}$$

式中，$\left|H(\mathrm{e}^{\mathrm{j}\omega})\right|$ 为幅频特性，$\varphi(\omega)$ 为相频特性。

离散系统的频率响应 $\left|H(\mathrm{e}^{\mathrm{j}\omega})\right|$ 是 $h(k)$ 的傅里叶变换。有

$$H(\mathrm{e}^{\mathrm{j}\omega}) = \sum_{k=-\infty}^{\infty} h(k)\mathrm{e}^{-\mathrm{j}\omega k}$$

在 MATLAB 中，利用函数 freqz( )计算系统的频率响应，求得计算由 b, a 描述的系统的频率响应特性曲线。调用格式为

```
[H,W]=freqz(b,a,N)
[H,W]=freqz(b,a,N, 'whole')
H = freqz(b,a,W)
```

其中，b 为多项式的分子行向量；a 为多项式的分母行向量；返回该系统的 N 点频率矢量 W 和 N 点复数频率响应矢量 H。'whole'表示返回整个单位圆上 N 点等间距的频率矢量 W 和复数频率响应矢量 H。当 W 为输入参数时，返回指定频段 W 上的频率矢量 H 通常在 0～π。返回值 H 为频率响应向量值。若不带返回值 H，则执行此函数后，将直接在屏幕上给出系统的对数频率响应曲线(包括幅频特性曲线和相频特性曲线)。

例 5-2-3　已知线性时不变系统的差分方程 $y(k)-y(k-1)+0.75y(k-2)=f(k)$，求该系统的频率响应，并用 MATLAB 绘制出系统的频率响应(幅频响应、相频响应)曲线。

解　将差分方程两边进行 z 变换得系统函数

$$H(z)=\frac{Y(z)}{F(z)}=\frac{1}{1-z^{-1}+0.75z^{-2}}$$

MATLAB 程序为

```
clear all; close all; clc;
b=[1];
a=[1 -1 0.75];
N=512;
[H,W]=freqz(b,a,N,'whole');
magH=abs(H(1:N));
phaH=angle(H(1:N));
W=W(1:N);
subplot(2,1,1);
plot(W/pi,magH,'-k','linewidth',2);
xlabel('频率ω');
ylabel('幅度');
title('幅频响应');
subplot(2,1,2);
plot(W/pi,phaH,'-k','linewidth',2);
```

```
xlabel('频率ω');
ylabel('相位');
title('相频响应');
```

程序运行后，系统的频率响应曲线如图 5-2-3 所示。

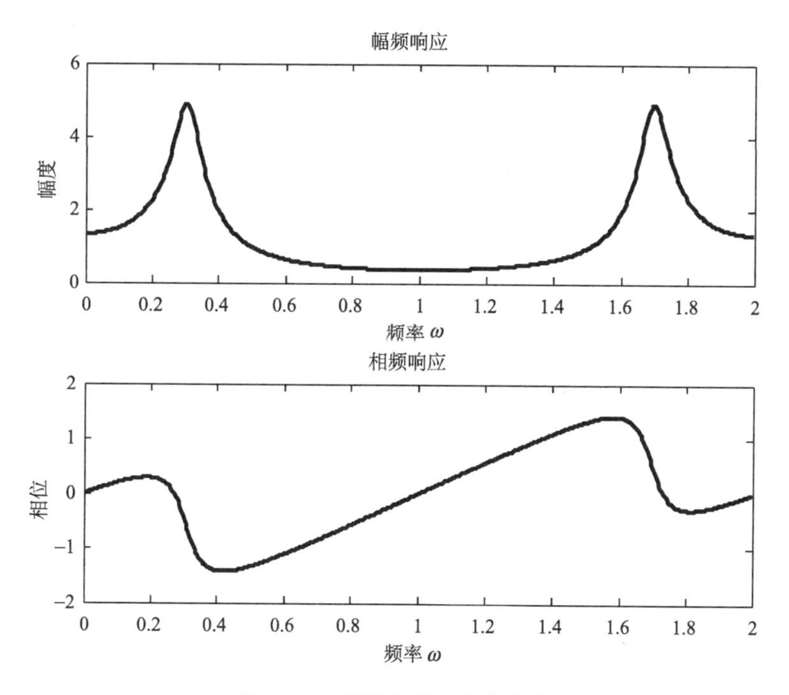

图 5-2-3　系统的频率响应曲线

三、实验内容

1. 在 MATLAB 中运行实验原理中所有例题源程序，调试验证仿真结果。

2. 已知某离散系统的激励函数为 $f(k)=(-1)^k\varepsilon(k)$，单位序列响应 $h(k)=[(1/2)^k+(1/3)*3^k]\varepsilon(k)$，利用 z 域分析方法求该系统的零状态响应(提示：用逆 z 变换求该系统的零状态响应)。

3. 已知某线性时不变离散系统的系统函数为 $H(z)=\dfrac{0.1+0.1z^{-1}+0.3z^{-2}+0.1z^{-3}+0.2z^{-4}}{1-1.1z^{-1}+1.5z^{-2}-0.7z^{-3}+0.3z^{-4}}$，求该系统的零点、极点，并用 MATLAB 仿真绘制画出系统的零点、极点分布图，依据零极点特性判断系统的因果性和稳定性。

4. 已知某一线性时不变系统的系统函数为 $H(z)=\dfrac{0.1+0.2z^{-1}+0.1z^{-2}}{1-0.8z^{-1}+0.2z^{-2}}$，求该

系统的单位脉冲响应 $h(k)$，并用 MATLAB 仿真绘制响应曲线。

5. 已知某线性时不变离散系统的系统函数为 $H(z)=\dfrac{z^2+2z+1}{z^3-0.5z^2-0.01z+0.3}$，求：(1)该系统的零点、极点，并用 MATLAB 仿真绘制画出系统的零点、极点分布图；(2)系统的单位样值响应和频率响应，并用 MATLAB 绘制响应的曲线；(3)判断该系统的稳定性。

6. 已知下列差分方程

$$\begin{aligned}&y(k)-1.8y(k-1)+1.2y(k-2)+0.3y(k-3)\\&\quad=0.1f(k)+0.05f(k-1)+0.05f(k-2)+0.02f(k-3)\end{aligned}$$

表示一个三阶的低通滤波器，求该系统的系统函数，试用 MATLAB 仿真绘制该滤波器的幅频响应和相频响应曲线。

7. 已知某线性时不变离散系统的系统函数如下：

(1) $H(z)=\dfrac{6z+4}{5z^4+4z^3+2z^3-z=5}$；

(2) $H(z)=\dfrac{z^2+1}{2z^3-2z^2+z-1}$。

求它们的零点、极点，并用 MATLAB 仿真绘制画出系统的零点、极点分布图，并判断系统的稳定性。

四、实验报告要求

1. 阐述实验目的和实验基本原理。

2. 按照实验内容分别编写出 MATLAB 程序的源代码，并调试产生运行结果，并对运行结果加以理论分析和说明。

3. 总结实验过程中的主要收获以及心得体会。

五、思考题

1. 系统在原点处的零点、极点对系统的频率响应有何影响？为什么？

2. 系统的零极点分布情况与系统的稳定性有什么关系？

参 考 文 献

陈戈珩, 付虹, 于德海. 2015. 信号与系统实用教程. 2 版. 北京: 清华大学出版社.
陈后金, 胡健, 薛健. 2009. 信号与系统. 北京: 高等教育出版社.
陈生潭, 郭宝龙, 李学武, 等. 2008. 信号与系统. 西安: 西安电子科技大学出版社.
程耕国, 陈华丽. 2008. 信号与系统实验教程(MATLAB 版). 武汉: 华中科技大学出版社.
党宏社. 2007. 信号与系统实验. 西安: 西安电子科技大学出版社.
杜晶晶, 金学波. 2009. 信号与系统实训指导(MATLAB 版). 西安: 西安电子科技大学出版社.
谷源涛, 应启珩. 2008. 信号与系统——MATLAB 综合实验. 北京: 高等教育出版社
金波. 2008. 信号与系统实验教程. 武汉: 华中科技大学出版社.
陆毅, 杨艳, 刘强, 等. 2010. 信号与系统综合实验教程. 南京: 东南大学出版社.
苏新红, 尹立强, 张海燕. 2010. 信号与系统习题解答与实验指导. 北京: 北京邮电大学出版社.
孙爱晶, 吉利萍, 党薇. 2015. 信号与系统. 北京: 人民邮电出版社.
汤全武, 车进, 孙学宏, 等. 2008. 信号与系统实验. 北京: 高等教育出版社.
吴大正. 2009. 信号与线性系统分析. 4 版. 北京: 高等教育出版社.
徐亚宁, 唐璐丹, 王旬, 等. 2012. 信号与系统分析实验指导书(MATLAB 版). 西安: 西安电子科技大学出版社.
张小虹, 胡建萍. 2014. 信号与系统. 3 版. 西安: 西安电子科技大学出版社.
张昱, 周绮敏. 2005. 信号与系统实验教程. 北京: 人民邮电出版社.
张钰, 吕伟锋, 董晓聪. 2013. 信号与系统实验. 北京: 科学出版社.
郑君里, 应启珩, 杨为理. 2008. 信号与系统. 2 版. 北京: 高等教育出版社.